インプレス R&D ［ NextPublishing ］

技術の泉 SERIES
E-Book / Print Book

iOS アプリ開発

千葉 大志 著

デザインパターン入門

初級者を中級者にスキルアップ！
MVC ＆ MVVM デザインパターン
サンプルアプリ15本収録！

impress
R&D
An impress
Group Company

JN206554

目次

はじめに ……………………………………………………………………………… 5

本書の目的 …………………………………………………………………………… 5

掲載されているコードについて …………………………………………………… 5

ターゲット …………………………………………………………………………… 6

前準備 ………………………………………………………………………………… 6

表記関係について …………………………………………………………………… 6

免責事項 ……………………………………………………………………………… 6

底本について ………………………………………………………………………… 7

第1章　前準備 〜おすすめ書籍 …………………………………………………… 9

1.1　おすすめの入門書 …………………………………………………………… 9

1.2　中級者向けの書籍 …………………………………………………………… 10

1.3　その他UIやアニメーション、オートレイアウトなどの理解が深まる書籍 …… 11

第2章　前準備 〜オブジェクト指向とは ………………………………………… 13

2.1　オブジェクト指向とは？ …………………………………………………… 13

2.2　クラス ………………………………………………………………………… 15

クラスとインスタンス …………………………………………………………… 15

クラス定義 ………………………………………………………………………… 15

プロパティとメソッド …………………………………………………………… 15

インスタンスの初期化・プロパティにアクセス・メソッドの実行 …………… 16

2.3　継承 …………………………………………………………………………… 17

オブジェクト指向4つの柱 ……………………………………………………… 17

継承とは？ ………………………………………………………………………… 18

継承の使用例 ……………………………………………………………………… 18

メソッドのオーバーライド ……………………………………………………… 19

継承のメリット・デメリット …………………………………………………… 20

継承のメリット …………………………………………………………………… 20

継承のデメリット ………………………………………………………………… 21

継承と汎化 ………………………………………………………………………… 21

第3章　前準備 〜プロトコル指向とは ………………………………………… 24

3.1　プロトコル指向とは？ ……………………………………………………… 24

3.2　プロトコル …………………………………………………………………… 25

Swiftにおけるプロトコル ……………………………………………………… 25

プロトコルの定義・準拠 ………………………………………………………… 25

プロトコルの特徴 ………………………………………………………………… 29

プロトコル指向のメリット ……………………………………………………… 32

オブジェクト指向の問題に対してのプロトコル指向 ………………………… 40

第4章　前準備 〜入門書には書かれていないが重要なiOS開発Tips ································ 47

4.1　コードでレイアウトを組む ·· 47
frameでレイアウトを組む ·· 47
相対的なレイアウトを組む ··· 48
ViewControllerクラスではviewDidLayoutSubviewsメソッド内、カスタムViewクラスではlayoutSubviews
メソッド内でレイアウトを組む ·· 49
boundsとframe ··· 51
コードでAutoLayout ·· 52
AutoLayout vs frame ·· 54
Interface Builder vs コードでレイアウト ··· 54

4.2　IBActionを使わずコードで定義する ··· 55

4.3　ViewControllerのライフサイクル ·· 56
loadView、viewDidLoad ··· 57
viewWillAppear、viewDidAppear ··· 58
viewWillDisappear、viewDidDisappear ·· 58
viewWillLayoutSubviews、viewDidLayoutSubviews ··· 59

4.4　メモリ管理 ·· 59
Automatic Reference Countingとは ·· 59
インスタンスを解放できない場合 ·· 60
弱参照 ·· 61

4.5　Delegateを使って処理を別クラスに任せる ·· 61
Delegateとは ··· 61
Delegateの実装 ·· 62
カスタムViewクラスのユーザーインタラクション処理をViewControllerに移譲する ················· 63
Delegateは弱参照 ··· 64

4.6　Closure ·· 65
Closureの構文 ··· 65
Closureを用いてServerの通信が完了した後、成功したらUIを更新、失敗したらエラーアラートを出す処理
を作る ·· 65
Closureオブジェクトをプロパティとして持つ場合の注意点 ··· 68

4.7　Grand Central Dispatch ··· 69
マルチスレッド ·· 69
並列処理の必要性 ··· 69
GCDを用いて並行処理 ·· 70

4.8　Web API ··· 70
Web APIとは？ ·· 70
iOSにおけるHTTP通信 ··· 71

第5章　Model View Controller デザインパターン ······································· 79

5.1　MVCとは ··· 79
Model層の役割 ··· 79
View層の役割 ·· 80
Controller層の役割 ·· 80

第6章　MVCでタスク管理アプリを作ろう ··· 81

6.1　Model層のレイアウト ··· 82

6.2　View層のレイアウト ·· 88

目次　3

6.3　Controller 層のレイアウト ……………………………………………………… 91

6.4　タスク作成画面 ………………………………………………………………… 93

6.5　AppDelegate で TaskListViewController を rootViewController に設定 ……………… 100

第7章　Model View ViewModel デザインパターン …………………………… 101

7.1　MVVM とは ……………………………………………………………………… 101

　　　Model 層の役割 ……………………………………………………………………… 102

　　　ViewModel 層の役割 ………………………………………………………………… 102

　　　View、ViewController 層の役割 …………………………………………………… 102

第8章　MVVM で GitHub クライアントアプリを作ってみよう ……………… 103

8.1　アクセスする API ……………………………………………………………… 103

8.2　Model 層のレイアウト ………………………………………………………… 104

8.3　ViewModel ……………………………………………………………………… 109

8.4　View …………………………………………………………………………… 115

8.5　ViewController ………………………………………………………………… 116

8.6　AppDelegate で TimeLineViewController を rootViewController に設定 ……………… 120

おわりに ……………………………………………………………………………… 123

はじめに

本書の目的

　本書の目的は、MVCやMVVMなどと呼ばれるiOSアプリケーション開発をするために必要なデザインパターンを学ぶことです。

　iOSが誕生してから10年、またiOS SDKが公開され誰もが自由にApple Storeにアプリを公開できるようになってから8年が経ち、数百万のアプリケーションが誕生しました。初期に公開されたほとんどのアプリはシンプルなものが多く、その殆どが1人もしくは少数のデベロッパーたちによって開発されました。しかし近年では、iOSアプリは徐々に多機能になり、複雑性が増し、多くのデベロッパーを巻き込むようになっていきました。

　現在開発されている多くのアプリは多機能で、複雑です。Web APIと通信し、データを受け取り、必要があればローカル環境のデータベースに保存し、受け取ったデータをUIに反映させ、多くのユーザーインタラクションをコントロールし、1ヶ月に2回程度は新機能を開発し絶え間なくアップデートし続けることが求められます。

　このような複雑なアプリを開発し運用していくためには、数千、数万のコードを書く必要があるでしょう。

　では、そのような膨大なコードをどのように管理すれば良いのでしょうか。その答えは、役割に応じたfileを複数作り、どの機能がどのfileのどの関数で実行されているかを明確にすることです。そのための全体のfile構成やプログラムのルールがMVCやMVVMと呼ばれるデザインパターンです。MVCやMVVM以外にもVIPERやClean Architectureなど様々なデザインパターンが存在しますが、本書では最も多くの企業で使われている代表的な2つのパターンである、MVCとMVVMを中心に解説していきます。

　本書を通して、皆さんのiOS力をさらに伸ばしてください。

掲載されているコードについて

　本書で使うコードは以下のリンクからダウンロードすることができます。

　https://drive.google.com/drive/folders/1a7lvbsqFIpqwQ44GM_yjvLBu4LaeXa3u

　具体的には以下のようなサンプルアプリのコードをダウンロードすることができます。
・todo app UserDefaultsで保存編
・todo app SQLite.swiftで保存編
・todo app Realmで保存編
・Github app MVC編
・Github app MVVM編

この他、6章ではtodo app UserDefaultsで保存編、8章ではGithub app MVVM編を例に解説しています。

ターゲット

本書では、以下のような方をターゲットをしています。
・iPhoneアプリ入門書を一通り読んだが、具体的にどう作っていいかわからない
・iOS歴6ヶ月未満の初学者
・iOSエンジニア教育担当

前準備

本書をスムーズに読み進めるための、いくつかの知っておくべき知識のチェックリストを作りました。以下のチェックリストでわからないことが1個でもあればまず「前準備 〜おすすめ書籍」の章を熟読してから、本書を読み進めてください。
・入門書を1冊読んだことがあり何かサンプリアプリを作ったことがある
・ClassやProtocolの概念を理解している
・Classの継承やProtocol extensionの概念を理解している
・Delegateの概念と使い方を理解している
・オブジェクト指向プログラミングの概念を理解している
・プロトコル指向プログラミングの概念を理解している
・Storyboardを使わずにコードでViewやView Controllerを作れる
・IBActionを使わずActionに関するコードを作れる
・Web APIの概念を理解しており、Web APIを通じてデータを取得しUIに反映させたことがある

表記関係について

本書に記載されている会社名、製品名などは、一般に各社の登録商標または商標、商品名です。会社名、製品名については、本文中では©、®、™マークなどは表示していません。

免責事項

本書に記載された内容は、情報の提供のみを目的としています。したがって、本書を用いた開発、製作、運用は、必ずご自身の責任と判断によって行ってください。これらの情報による開発、製作、運用の結果について、著者はいかなる責任も負いません。

底本について

本書籍は、技術系同人誌即売会「技術書典4」で頒布されたものを底本としています。

第1章 前準備 〜おすすめ書籍

1.1 おすすめの入門書

本編に入る前に、iPhoneアプリ開発に関する本を1冊も読んだ経験がない方は、まず以下の書籍を読むことをおすすめします。本書は入門書を最低でも1冊読んだことがある人をターゲットにしています。

- 『改訂版 No.1スクール講師陣による 世界一受けたいiPhoneアプリ開発の授業』技術評論社刊／桑村 治良、我妻 幸長、高橋 良輔、七島 偉之著、RainbowApps監修

図 1.1: No.1 スクール講師陣による 世界一受けたいiPhoneアプリ開発の授業

- 『詳細! Swift 4 iPhoneアプリ開発 入門ノート Swift 4 + Xcode 9対応』ソーテック社刊／大重 美幸著

図 1.2: 詳細! Swift 4 iPhoneアプリ開発 入門ノート Swift 4 + Xcode 9対応

1.2 中級者向けの書籍

　本書と並行して以下の書籍を読むことで、特に「前準備」にあたる1〜3章の内容が深く理解できるため、おすすめします。これらの書籍では、ClassとStructの違いや、Generic、Protocol、などについて詳細に学ぶことができます。余裕のある方は、英語の本にも挑戦してみましょう。

・『詳解 Swift 第4版』SBクリエイティブ刊／荻原 剛志著

図 1.3: 詳解 Swift 第 4 版

・『Swift 4 Protocol-Oriented Programming - Third Edition』Packt Publishing刊／ジョン・ホフマン著

図 1.4: Swift 4 Protocol-Oriented Programming - Third Edition

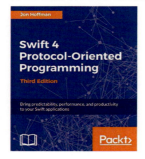

・『Swiftデザインパターン』翔泳社刊／アダム・フリーマン著、株式会社クイープ監修、翻訳

図 1.5: Swift デザインパターン

1.3 その他UIやアニメーション、オートレイアウトなどの理解が深まる書籍

　以下の本は本書の内容とは直接関係はないですが、iOSアプリケーションを作る際には欠かせないUIに関する知識を深めるための書籍です。

- 『UIKit&Swiftプログラミング 優れたiPhoneアプリ開発のためのUI実装ガイド』SBクリエイティブ刊／斉藤 祐輔 JIBUNSTYLE Inc. 著

図 1.6: UIKit&Swiftプログラミング 優れたiPhoneアプリ開発のためのUI実装ガイド

- 『よくわかる Auto Layout iOSレスポンシブデザインをマスター』リックテレコム刊／川邉 雄介著、所 友太監修

図 1.7: よくわかる Auto Layout iOS レスポンシブデザインをマスター

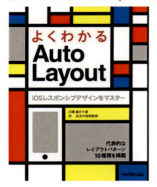

第2章 前準備 〜オブジェクト指向とは

2.1 オブジェクト指向とは？

　　オブジェクト指向という言葉をご存知ですか？オブジェクト指向は「オブジェクト」と「指向」という2つの言葉から成ります。オブジェクトとは英語で「モノ」という意味です。指向とは「健康指向」という言葉にあるように「〜に注目する」という意味があります。つまりオブジェクト指向とは「モノに注目する」ことなのです。

　オブジェクト指向においてすべてのモノはオブジェクトとして表現されます。そして、それぞれのオブジェクトは状態（プロパティ）と振る舞い（メソッド）をもちます。[1]

　では車を例に、解説します。

図2.1: 車

　上図のような車を思い浮かべて下さい。車というモノによく注目してみると、車はハンドル、タイヤ、給油タンクやマフラーといったような様々なモノから出来ていることがわかります。さらにそれぞれのモノに注目すると、タイヤには空気圧、給油タンクにはガソリンの量等の状態があり、ハンドルを回せば車が曲がり、タイヤが回ると車が動きます。

　つまり、自動車そのものがまずオブジェクトであり、それを構成するハンドルやタイヤといったモノもまたオブジェクトになります。そして、タイヤならば空気圧、給油タンクならばガソリ

---

[1]. 状態のことをメンバ変数やアトリビュート、振る舞いのことをメンバ関数と表現することがありますが、この本ではSwiftに準拠してプロパティとメソッドと呼ぶことにします。

ンの量といった状態がプロパティになり、ハンドルを回す、タイヤが回るという振る舞いが関数になります。これらのオブジェクトが全て組み合わさって、自動車としての製品が出来上がります。

このように世の中の全てはモノの集合体だと考えることが出来ます。これがオブジェクト指向でプログラミングする最大の理由です。プログラミングとは現実世界の業務をソフトウェアの力を用いて、コンピュータ上で実現することです。そのため、現実世界のモノに対応したオブジェクトを作成することで直感的に理解でき、修正が容易なプログラムを作成することができます。例えば、タイヤがパンクしたときや、ホイールを取り替えるときはタイヤのみを修理すれば良いように、プログラムのバグや変更があるときには、修正が必要なオブジェクトに対してだけ修正を行えば良いのです。このように、オブジェクト指向でのプログラミングは、現実世界をモデリングしてプログラムに落とし込むのに大変便利だといえます。

図2.2: 車の設計図

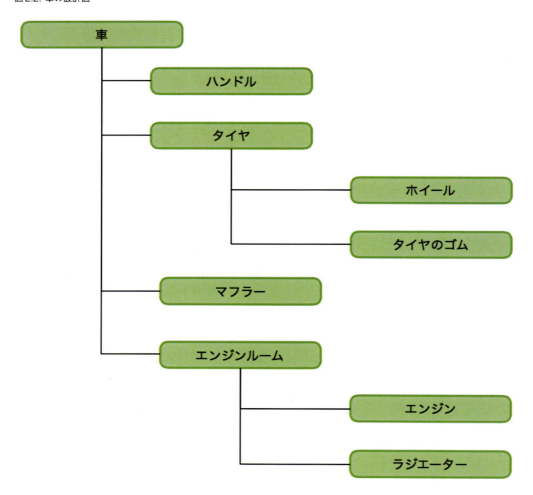

このようにモノに注目してプログラミングをすることをオブジェクト指向プログラミングと呼びます。オブジェクト指向の設計思想を持ったプログラミング言語をオブジェクト指向プログラム言語といい、Swiftはオブジェクト指向プログラミング言語のひとつです。

次の節からはこのSwiftを題材に、どのようにオブジェクト指向プログラミングを実現しているのかを説明します。

2.2　クラス

Swiftはオブジェクト指向プログラミング言語です。前節では現実世界にあるモノをオブジェクトとしてモデリングすると述べましたが、これを具体的に実現しているのが「クラス」という概念になります。オブジェクトをモデリングするには、そのオブジェクトの状態（プロパティ）と振る舞い（メソッド）の仕様を設計（定義）しなければいけません。このオブジェクトの設計書こそがクラスになります。

クラスとインスタンス

定義されたクラスを元に、実際に作成されたオブジェクトのことをインスタンスと呼びます。インスタンスは英語で「実例、事例」といった意味があり、クラスに対する具体的な概念になります。例えば、クラスがロボットの設計書で、実際に生産されたロボットがインスタンスになります。クラスはひとつしかありませんが、インスタンスはロボットが大量生産されるように、複数になります。またインスタンスの特徴としてインスタンスごとに状態を持つことが出来ます。大量生産されたロボットも、各ロボットは製造番号を持つので区別することが出来ます。

クラス定義

では具体的にクラスをどのようにコードで定義するかを説明します。まずは一番シンプルなコードを次に示します。先程も述べましたがクラスはオブジェクト、つまりインスタンスの設計書です。インスタンスの状態（プロパティ）および振る舞い（メソッド）をコードで定義します。

```
class クラス名 {
    プロパティ宣言
    メソッド宣言
}
```

プロパティとメソッド

インスタンスは状態（プロパティ）および振る舞い（メソッド）を持ちます。たとえば、ロボットクラスは「消費電力、パワー、速度」といったプロパティ、「歩く、つかむ」といったメ

第2章　前準備 ～オブジェクト指向とは　　15

ソッドを持ちます。プロパティは、一度設定したら変更できない読み取り専用のletと変更が可能なvarという予約語[2]を用いて宣言します。一方、メソッドはfuncという予約語を用いて宣言します。以下が具体的な書式になります。

```
class クラス名 {
  let 定数名：型 = 値
  var 変数名：型 = 値

  func メソッド名（引数名：型）-> 戻り値の型  {
    処理
    return 戻り値
  }
}
```

ロボットの例を使った簡単な例を作って見ましょう。

```
class Robot {
    // プロパティ
    let name : String = "まるえもん"
    var power : Int = 100

    // メソッド
    func say() -> () {
        print("僕、\(name)，戦闘力は \(power) です。")
    }
}
```

上記がRobotクラスを具体的にコードで定義した例になります。慣例としてクラス名は大文字で、プロパティ名とメソッド名は小文字で始めます。

インスタンスの初期化・プロパティにアクセス・メソッドの実行

上記のクラス定義を書いただけでは何も起こりません。設計書を書いただけでは何も起きないことと同じで、その設計書を元に実際の製品を製造する必要があります。製品を実際に製造するように、クラス定義から実際のインスタンスを生成することをインスタンスの初期化といいます。インスタンスを生成する書式は以下のようになります。

```
let 定数名 = クラス名()
```

---

2. プログラムを制御する際に必要な単語を予約語と言います。cf.(if , for ..)

インスタンスを生成したら、次はメソッドの実行です。メソッドを実行する書式は以下のようになります。このとき最後の()を忘れないようにして下さい。

```
インスタンス.メソッド()
```

プロパティへのアクセスも同じように出来ます。以下のような書式になります。

```
インスタンス.プロパティ
```

先程定義したRobotクラスのインスタンスを初期化して使ってみましょう。XcodeのPlayground上で次のようにコードを書いてみて下さい。

図2.3: ロボットインスタンスの使用

```
3   class Robot {
4       // プロパティ
5       let name : String = "まるえもん"
6       var power : Int = 100
7
8       // メソッド
9       func say() -> () {
            print("僕、\(name), 戦闘力は \(power) です。")
11      }
12  }
13
    let robot = Robot() // ロボットインスタンスの初期化
    robot.say() // say メソッドの利用
    robot.power = 530000 // name プロパティへアクセス
    robot.say() // say メソッドの利用（戦闘力が変っている）
18
```
▽ ▶

```
僕、まるえもん, 戦闘力は 100 です。
僕、まるえもん, 戦闘力は 530000 です。
```

Robot()でクラス定義からインスタンスの初期化をしています。そのあとsayメソッドで下部のコンソール部分に文章を出力しています。注目して欲しい点は、出力結果が一行目と二行目で異なっているところです。robot.powerでプロパティにアクセスして値の変更をしています。なので2回目のsayメソッドでは違う出力結果になっています。

2.3 継承

オブジェクト指向4つの柱

オブジェクト指向における大事な点はなにか？という議論で、よく出てくる概念に「オブジェ

第2章 前準備 ～オブジェクト指向とは 17

クト指向4つの柱」というものがあります。この4本の柱とは,

- ・クラス
- ・継承
- ・カプセル化
- ・多様態（ポリモルフィズム）

です。また別の表現として、クラスがオブジェクト指向プログラミングの土台で、その上に残りの3本の柱が立っているとも言われています。

クラスについては前節で説明しましたが、クラス以外に挙げた3つの柱の中でも、オブジェクト指向プログラミングを最も強力にしているのが、「継承」という概念です。そのため継承をよく理解し、上手く活用することが上手にオブジェクト指向プログラミングする近道になります。

継承とは？

継承とは何でしょうか？継承は文字通り「引き継ぐ」という意味です。ではオブジェクト指向では何を引き継ぐのでしょうか？それは、プロパティとメソッドです。BというクラスがAというクラスを継承する時、BはAが持っていたプロパティとメソッドを引き継ぎます。この時のA、つまり継承元のクラスを「親クラス、基底クラス、スーパークラス」と呼び、この時のB、つまり継承先のクラスを「子クラス、サブクラス」と呼びます。本書では「スーパークラス」と「サブクラス」と呼ぶことにします。

実際にクラスの継承をコードで記述すると、以下のような書式になります。

```
class サブクラス ： スーパークラス   {
    サブクラスにて追加・変更するプロパティ
    サブクラスにて追加・変更するメソッド
}
```

なお、ひとつのクラスは直接継承できるクラスがひとつに制限されています。しかし、もし継承したスーパークラスが他のクラスを継承している場合は、子クラスはスーパークラスのスーパークラスも継承したことになります。Aクラスを継承したBクラスをCクラスが継承した場合、CクラスはAクラスとBクラス両方を継承したことになります。

継承の使用例

実際に、Robotクラスを継承した例を見てみましょう。

18 | 第2章　前準備 ～オブジェクト指向とは

図2.4: クラスの継承

```
 3   class Robot {
 4       // プロパティ
 5       let name : String = "まるえもん"
 6       var power : Int = 100
 7
 8       // メソッド
 9       func say() -> () {
             print("僕、\(name), 戦闘力は \(power) です。")
11       }
12   }
13
14   // スーパーロボットクラスはロボットクラスを継承
15   class SuperRobot : Robot {
16
17   }
     let super_robot = SuperRobot() // ロボットインスタンスの初期化
     super_robot.say() // say メソッドの利用
20
```

▽ ▶

僕、まるえもん, 戦闘力は 100 です。

SuperRobot クラスは Robot クラスを継承しています。SuperRobot クラスの定義には何も記述されていませんが、継承元のプロパティとメソッドを引き継いでいるので、SuperRobot クラスのインスタンスは say() メソッドを使用することが出来ます。

メソッドのオーバーライド

スーパークラスにあったメソッドに対して、変更および追加したい場合があります。その場合はスーパークラスと同名のメソッドをサブクラスにも定義することによって実現できます。このことをメソッドのオーバーライドと呼びます。オーバーライドは英語で「上書き」という意味があります。オーバーライドをするメソッドを定義する際は、先頭に override という予約語をつける必要があります。先程の SuperRobot クラスで say() メソッドをオーバーライドしてみましょう。

第2章 前準備 〜オブジェクト指向とは 19

図2.5: メソッドのオーバーライド

```swift
 3   class Robot {
 4       // プロパティ
 5       let name : String = "まるえもん"
 6       var power : Int = 100
 7
 8       // メソッド
 9       func say() -> () {
         print("僕、\(name)、戦闘力は \(power) です。")
11       }
12   }
13
14   // スーパーロボットクラスはロボットクラスを継承
15   class SuperRobot : Robot {
16       let skill : String = "ロケットキック" //新しいプロパティ
17
18       override func say() -> () {
19           super.say() // スーパークラスのsayメソッドを呼ぶ
             print("必殺技は \(skill)です。") // say()メソッドの新しい部分
21       }
22   }
     let super_robot = SuperRobot() // ロボットインスタンスの初期化
     super_robot.say() // say メソッドの利用
25
```

▽ ▶

僕、まるえもん、戦闘力は 100 です。
必殺技は ロケットキックです。

まず下準備として、SuperRobotクラスにskillという新しいプロパティを追加します。オーバーライドするsay()メソッドの中にsuper.say()というコードがあります。**super**という予約語はサブクラスからスーパークラスにアクセスするときに必要になります。スーパークラスのRobotのsay()を実行するので、**"僕、まるえもん、戦闘力は100です。"**が出力結果の1行目に表示されます。逆に言えば、superでスーパークラスのメソッドを呼ばなければ同一の名前で全く新しいメソッドを作ることができます。 次のprint("必殺技は \(skill) です。")はオーバーライドで追加した分になります。なのでSuperRobotクラスのインスタンスのsay()メソッドを実行すると2行目に**"必殺技は ロケットキックです。"**と表示されます。

継承のメリット・デメリット

継承のメリット

継承を使うメリットは何があるのでしょうか。まず、継承によってコードの再利用性が高まります。これにより以下のようなメリットが享受できます。

1. コードに冗長性がなくなり短くなる

共通部分を継承元のクラスにまとめることによってプログラミングの工数が少なくなり、打ち間違いなどによるミスを減らすことができます。継承元の実装をもう一度コーディングする

20 第2章 前準備 ～オブジェクト指向とは

必要がなくなり、継承によってコード量が少なくなります。作業量は減少し、ファイルサイズも小さくなり、可読性は上がり、打ち間違い等のミスをする確率が下がる、など良い点が多々あります。

2.コードの拡張性が高くなる

新しい機能を追加するときに、元のあるクラスを継承すれば低コストで拡張できます。ベースとなるクラスを先に定義すれば、何か新しい機能追加を新しいクラスで実現する時に、ベースとなるクラスを継承して追加すれば低コストで実現できます。

たとえばPenguin，Monkey，Lionクラスを扱っている動物園に新しくTigerクラスが来た時も、事前にAnimalというクラスを定義し、それを継承すれば動物に共通な性質や振る舞いを再度記述しなくもTigerクラスを受け入れることが出来ます。

3.コードのメンテナンス性が高くなる

継承元のクラスに変更を加えれば、そのクラスを継承したすべてのクラスにその変更が適用されるため、低コストでメンテナンスできます。継承元のクラスだけに変更・修正を加えればよいので、プログラムに変更を加える量が少なくなります。時間の短縮および人為的ミスが減り、コードのメンテナンス性が上がります。

継承のデメリット

このように一見メリットだらけに見えますが、継承にはデメリットも存在します。大規模なプログラムになってくると継承が深くなりすぎる傾向があり、逆にコードがわかりづらくなってしまうことです。

筆者がいままで関わったプロジェクトの中に、数千のファイルから構成されるアプリがありました。そのアプリでは共通に持たせたい機能が多く存在し、継承が5階層もの深さになっていました。自分1人で開発している場合はまだ良いのですが、実際の開発現場は複数のプログラマによる集団作業であり、他の人への引き継ぎやチームで開発する時に新しいメンバーを加える際、継承の深さがプログラムを読み理解することを難しくします。

このようなデメリットを解消する方法として、**プロトコル指向プログラミング**が提唱されました。プロトコル指向については次の章で詳しく説明します。

継承と汎化

継承と対になる表現として、**汎化**という表現があります。あまり馴染みのない言葉ですが、この汎化こそが設計において大事な概念です。

継承という言葉は上から下、スーパークラスからサブクラスをつくるという流れです。一方、汎化は沢山のクラスから共通部分を見つけ出して、スーパークラスにするという下から上への流れです。オブジェクト指向設計の段階で、汎化によって作成されたクラスをスーパークラス

することが、プログラミングの段階で継承となるのです。

たとえば,

・スーパーカークラス（SuperCar）
・パトカークラス（PatoCar）
・タクシークラス（Taxi）

というクラスがあるとします。それぞれのクラスをクラス図に描き、必要なプロパティとメソッドを並べたのが図2.6です。

図2.6: 汎化前のクラス

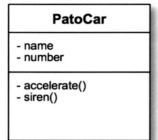

この3つのクラスのプロパティとメソッドをよく見ると、name，numberプロパティとaccelerate()メソッドという共通メソッドを持っています。これらのクラスをコードで表現する時に、同じコードを記述するのは手間がかかります。

そこで3つのクラスに共通するプロパティとメソッドだけをまとめたCarクラスを定義します（図2.7）。このように、クラスの共通部分をまとめて1つのクラスにすることが**汎化**です。

図2.7: 汎化後のクラス

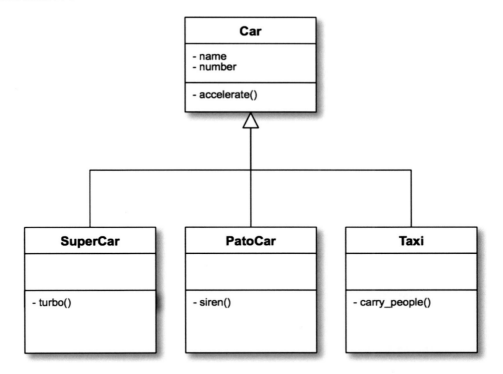

　このように汎化して得たクラスをスーパークラスとしてコードで定義し、継承を用いてスーパーカークラス、パトカークラス、タクシークラスをコードで定義すれば。共通なプロパティ、メソッドの定義は1回だけとなり、効率よく定義できます。

第3章 前準備 〜プロトコル指向とは

3.1 プロトコル指向とは？

2015年のWWDC（Worldwide Developers Conference）において、Appleは「Swiftは世界ではじめてのプロトコル指向言語だ」と宣言しました。

プロトコル指向プログラミングは前章で述べたオブジェクト指向プログラミングのパラダイムの一つで、後述するオブジェクト指向のデメリットを解決するために考案されました。Swift独自の機能であるprotocolやprotocol extensionを組み合わせてプログラムを作成します。

では、プロトコル指向の「プロトコル」とは一体何でしょうか？ プロトコルとは英語で「規約」という意味です。つまりプロトコル指向とは「規約に注目する」ことです。

規約とはつまり、ある目的のために守らなければいけないルールです。「ある目的」は文脈によって変わりますので、ここでは携帯電話を例にプロトコルとは何かを考えていきましょう。

世の中には多くの携帯電話の通信会社があります。たとえばA社、D社、S社という携帯電話の通信会社があるとします。これらの通信会社は互いに別々の通信基地局を持っていますが、私達たちはどの通信会社の携帯電話に電話をかけるかをまったく意識することなく、家族、友達、会社の人に電話をかけることが出来ます。これは、誰とでも電話ができるという目的のため各通信会社がある決まったプロトコル（規約）に準拠しているからです。もし、A社、D社、S社が別々に独自の方法で通信をしていたら、同じ通信会社の人としか電話をすることができません。

図3.1: 通信会社のプロトコル

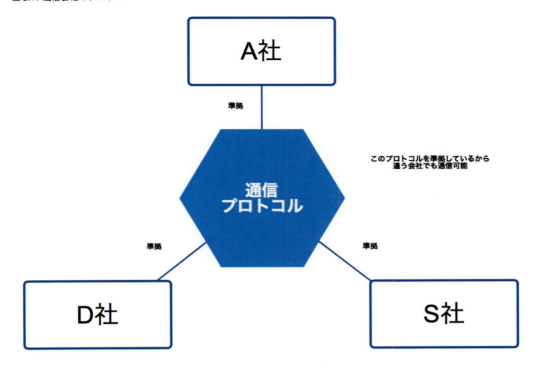

このようにプロトコルには複数のバラバラのものをあるルールを守らせることによって、1つにまとめる性質があります。

このプロトコルの性質に注目したのがプロトコル指向です。

3.2 プロトコル

Swiftにおけるプロトコル

先程述べたように、プロトコルとはある目的の為に守るべき規約です。そのための規約をコードで定義する必要があります。Swiftにおけるプロトコルとは、そのプロトコルを準拠するクラス、構造体、列挙体が実装する必要があるプロパティやメソッド等を定義したものです。

プロトコルの定義・準拠

では、具体的にプロトコルをどのようにコードで定義するかを説明します。

まずは一番シンプルな場合のコードを次に示します。先程にも述べたように、プロトコルとは規約です。このプロトコルに準拠するために必要なプロパティおよびメソッドをコードで定義します。

```
protocol プロトコル名 {
    必要なプロパティ宣言
    必要なメソッド宣言

}
```

　クラスの定義に似ていますが、プロトコルはprotocolという予約語を用いて定義します。そしてこのプロトコルを準拠するクラス、構造体、列挙体が、実装する必要があるプロパティおよびメソッドを宣言します。この時、protocolそのものには具体的な実装を記述することはありません。具体的な実装は、そのプロトコルに準拠したクラス、構造体、列挙体に記述します。具体的な例を見ていきましょう。

```
protocol Vehicle {
    var fuel : Float {get set}
    var fuelEfficinet : Float {get}
    func showFuel()
}
```

　Vehicle (乗り物) プロトコルは、fuel、fuelEfficinetプロパティ、そしてshowFuelメソッドが定義されています。このVehicleプロトコルを準拠したクラスはfuel、fuelEfficinetプロパティとshowFuelメソッドを実装する必要があります。

```
class Car : Vehicle {
    var fuel: Float = 50.0
    let fuelEfficinet: Float = 10.0
    func showFuel() { print("ガソリンの残りは\(fuel)Lです。") }
}
```

　上記はVehicleプロトコルに準拠したCarクラスの例です。Vehicleプロトコルで定義したfuel、fuelEfficinetプロパティに具体的な値、そしてshowFuel() メソッドに具体的な実装が書き加えられています。この内のどれか1つでも実装しないと、このCarクラスはVehicleプロトコルを準拠したことにならず、エラーになってしまいます。プロトコルで定義されたプロパティおよびメソッドはデフォルトでは必ず実装をしなければ行けません。(optionalな変数については後述)

　ここで注意すべき点は、プロトコルの定義ではletを用いて定数を定義できないことです。上記の例のfuelEfficinetはVehicleプロトコルの定義では、varを用いて宣言されています。一方、その実装となるCarクラスではletを用いて宣言・初期化されています。プロトコルはあくまで必要なプロパティを宣言するだけで実装はなく抽象的なものです。なので、letを使用したい場合は、そのプロトコルに準拠する構造体・クラス等でletに置き換えます。

26　　第3章　前準備 〜プロトコル指向とは

また、プロトコルを準拠できるのはクラスだけではありません。Swiftでは構造体および列挙型も準拠することができます。以下は構造体および列挙型がプロトコルに準拠している例です。

構造体および列挙型がプロトコルの準拠

```swift
protocol DescriptionProtocol {
  var description: String { get }
  mutating func change()
}


// 構造体のプロトコル準拠
struct ExampleStructure : DescriptionProtocol {
  var description: String = "description"
  mutating func change() {
      description += " changed"
  }
}


// 列挙型のプロトコル準拠
enum CoinEnumeration: DescriptionProtocol {
    case 表, 裏
    var description: String {
        return "現在 \(self)"
    }

    mutating func change() {
        if self == .表 {
            self = .裏
        }
        else {
            self = .表
        }
    }
}

var b = ExampleStructure()
b.change()
print(b.description)

var coin = CoinEnumeration.表
print(coin.description)
coin.change()
print(coin.description)
```

実行結果

```
description changed
現在 表
現在 裏
```

予約語 mutating

　上記の例ではmutatingというキーワードがメソッドの前にプロトコルの定義および実装ともに記述されています。これは構造体、列挙型のときに、自分自身のインスタンスおよびそのプロパティをこのメソッドが変更することを示しています。これらを変更する可能性があるプロトコル定義内では、mutatingを書かないとエラーになってしまいます。次のリストでは先程のリストに対してmutatingの部分に着目してコメントをつけました。

mutating に着目

```
protocol DescriptionProtocol {
  var description: String { get }
  mutating func change() // change()はdescriptionを変更する予定
}

// 構造体のプロトコル準拠
struct ExampleStructure : DescriptionProtocol {
  var description: String = "description"
  mutating func change() { //プロパティdescriptionを変更している。
      description += " changed"
  }
}

// 列挙型のプロトコル準拠
enum CoinEnumeration: DescriptionProtocol {
    (省略)
    }

    mutating func change() { // self、自分自身のインスタンスを変更してい
る。
        if self == .表 {
            self = .裏
        }
        else {
            self = .表
```

28 ｜ 第3章　前準備 〜プロトコル指向とは

```
        }
      }
    }
```

プロトコルの特徴

プロトコル指向を実現する際に、重要な3つの特徴があります。それは、
・プロトコルの継承
・プロトコルの拡張
・プロトコルコンポジション
です。 この3つを上手く合わせて設計することが、プロトコル指向では重要です。1つずつ
見ていきましょう。

プロトコルの継承

プロトコルは、オブジェクト指向のように別のプロトコルを継承して宣言することができま
す。書式はクラスの継承のときと同じで次のようになります。

```
protocol 継承先プロトコル : 継承元プロトコル {
    継承先プロトコルにて追加宣言するプロパティ
    継承先プロトコルにて追加宣言するメソッド
}
```

次のリストはVehicleプロトコルを継承したLandVehicle（陸の乗り物）プロトコルの例
になります。

プロトコル継承の例

```
protocol Vehicle {
  var fuel : Float {get set}
  var fuelEfficinet : Float {get}
  func showFuel()
}

protocol LandVehicle : Vehicle {
  var speed : Float {get set}
  func run()
}
```

クラスの継承のときと同じように、このLandVehicleプロトコルはVehicleプロトコルの
宣言内容と、新たに追加した宣言を合わせ持つことになります。この例ではLandVehicleは

第3章 前準備 〜プロトコル指向とは　29

fuel、fuelEfficinet、speedプロパティとshowFuel()、move()メソッドの宣言をもつことになります。LandVehicleプロトコルに準拠するクラス・構造体等は、それらの宣言すべてを実装する必要があります。

プロトコルの拡張

　Swiftには拡張（extension）という概念があります。拡張を用いると、既存のクラス・プロトコル・構造体に新しいメソッドを追加することができます。今回はプロトコルの拡張に注目して説明します。プロトコルの拡張によって、プロトコルを準拠するすべてのクラス・構造体等に共通の処理を追加することが出来ます。次のリストのようにextensionを定義します。

```
extension 拡張するプロトコル {
    追加するメソッドの実装
}
```

　次のリストは、Vehicleプロトコルを拡張した例です。addFuelメソッド、moveメソッドをextensionで実装したことによって、Vehicleプロトコルに準拠した全てのクラス、構造体、列挙体は、addFuelメソッド、moveメソッドを使うことができます。

プロトコルの拡張

```
protocol Vehicle {
  var fuel : Float {get set}
  var fuelEfficinet : Float {get}
  func showFuel()
}

extension Vehicle {
  mutating func addFuel(liter: Float) {
      fuel += liter
  }

  mutating func move(km: Float) {
      let remainingFuel = fuel - km / fuelEfficinet
      if remainingFuel >= 0 {
          print("\(km) km 動きました。")
          fuel = remainingFuel
      }
      else {
          print("ガソリンが足りないので動けません。")
      }
  }
```

第3章　前準備 ～プロトコル指向とは

```
}
```

　以下の例では、LandVehicleプロトコルに準拠したクラスを定義して、メソッドを実行しています。LandVehicleプロトコルはVehicleプロトコルを継承しているので、Vehicleプロトコルの拡張が適用され、move()とaddFuel()メソッドを使うことができます。

プロトコルの拡張の例

```
class Car : LandVehicle {
  var fuel: Float = 50.0
  var speed: Float = 0.0
  let fuelEfficinet: Float = 10.0
  func showFuel() { print("ガソリンの残りは\(fuel)Lです。") }
  func run() {print("地上の上を走ります")}
}

var car = Car()
car.run()
car.showFuel()
car.move(km: 200) // Vehicleプロトコルの拡張したときのメソッド
car.showFuel()
car.addFuel(liter: 10) // Vehicleプロトコルの拡張したときのメソッド
car.showFuel()
```

実行結果

```
地上の上を走ります
ガソリンの残りは50.0Lです。
200.0 km 動きました。
ガソリンの残りは30.0Lです。
ガソリンの残りは40.0Lです。
```

プロトコルコンポジション

　クラス・構造体等は複数のプロトコルに準拠することができます。複数のプロトコルに準拠することをプロトコルコンポジションと呼びます。以下、パトカーを例に説明していきます。

```
protocol Beeping {
  func siren()
}
```

　世の中には走行しているときに赤いサイレンをならしていい車があり、それらは道路交通法

第3章　前準備 〜プロトコル指向とは　　31

によって定められています。例えばパトカーや救急車はこの法律によって、赤いサイレンを鳴らすことが許可されています。

　この道路交通法をモデルにBeepingプロトコルを上記のように定義します。一方、もちろんパトカーは陸の乗り物であるので、LandVehicleプロトコルにも準拠すべきです。PatoCarというクラスを作り、これら2つのプロトコルに準拠させてみましょう。

```
class PatoCar : LandVehicle, Beeping {
  var fuel: Float = 80.0
  var speed: Float = 0.0
  let fuelEfficinet: Float = 15.0
  func showFuel() { print("ハイオクの残りは\(fuel)Lです。") }
  func run() { print("地上の上を走ります") }
  func siren() { print("うー!うー!うー!") }
}

var patocar = PatoCar()
patocar.run()
patocar.showFuel()
patocar.move(km: 200) // Vehicleプロトコルの拡張したときのメソッド
patocar.showFuel()
patocar.addFuel(liter: 10) // Vehicleプロトコルの拡張したときのメソッド
patocar.showFuel()
patocar.siren()
```

実行結果

```
地上の上を走ります
ハイオクの残りは80.0Lです。
200.0 km 動きました。
ハイオクの残りは66.6667Lです。
ハイオクの残りは76.6667Lです。
うー!うー!うー!
```

　このように複数のプロトコルに準拠することができます。

プロトコル指向のメリット

　この章の冒頭で、

プロトコル指向プログラミングは前章で述べたオブジェクト指向プログラミングのパラダイムの一つで、後述するオブジェクト指向のデメリットを解決するために考案されました。

　と述べました。そこでプロトコル指向のメリットを説明するためにまず、オブジェクト指向

32 第3章 前準備 ～プロトコル指向とは

のデメリットを説明します。ここでは乗り物についての設計をオブジェクト指向で設計し、その際に起きる問題について説明します。そして、同じように乗り物についての設計をプロトコル指向で行い、オブジェクト指向のデメリットをプロトコル指向がどのように解決するかを説明します。

オブジェクト指向の問題

乗り物について、オブジェクト指向でクラス設計すること考えます。

対象とする乗り物には前提として「陸、海、空の3つのタイプがあり、複数のタイプを持つことができる」とします。そして、それらのタイプはそれぞれ以下のような性質を持つとします。

・陸のタイプ：「走る（run）」と「走る速度（speed）」
・海のタイプ：「泳ぐ（swim）」と「泳ぐ深度（depth）」
・空のタイプ：「飛ぶ（fly）」と「飛ぶ高度（depth）」

コードを書く前に、まずは世の中にある乗り物を考えてみましょう。「パトカー、水陸用車、スカイカー、ジェット機、乗用車、潜水艦」を乗り物の具体的な例として考えていきます。

そして、次に条件と具体的な例から一歩、抽象的に考えて継承を用いてクラスの階層図を考えて見ましょう。

乗り物の全般を指し、一番の継承元となるVehicleクラスを考えて、陸海空のタイプごとに継承したLandVehicleクラス、SeaVehicleクラス、AirVehicleクラスを考え、それらのクラスを継承してパトカーといった具体的な乗り物のクラスを作るような設計を考えてみましょう。そしてそれをクラス図にしたのが以下の図3.2です。

図3.2: 想定したクラス図

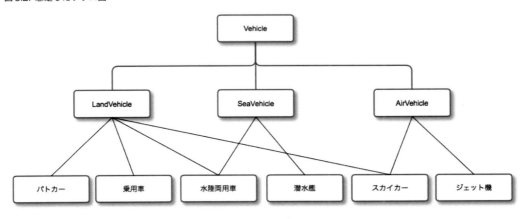

この図は一見問題がないように見えますが使えません。その理由は、Swiftは単一継承しかサポートしていないからです。上図にある水陸両用車とスカイカーは2つのスーパークラスをもつことができないのです。これがオブジェクト指向の欠点の1つになります。

図3.3: 単一継承問題

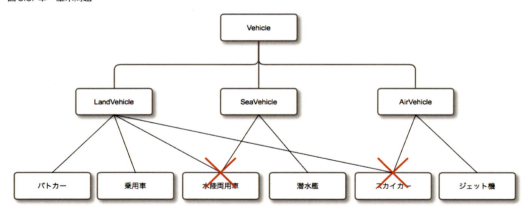

今回はVehicleクラスに陸海空の乗り物に必要な処理の雛形をまとめて書いて、継承先でそれぞれ具体的にその処理の実装をするようにします。その時のクラス図は図3.4ようになります。

図3.4: 今回のオブジェクト指向設計のクラス図

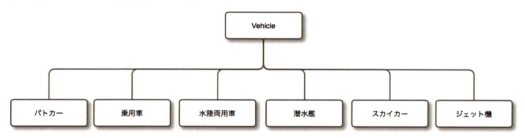

これから実際にクラス図を元に、コードによる定義・実装を考えていきます。まず陸海空のそれぞれのタイプについて列挙型を使って以下のように定義します。

陸海空のタイプ

```
enum Type {
  case Land, Sea, Air
}
```

次にすべての乗り物の基本となるVehicleクラスの定義と実装を考えてみましょう。以下がVehicleクラスのソースコードになります。

Vehicleクラス

```
class Vehicle {
  var name : String = ""
```

```swift
    var types = [Type]()
    var fuel : Float = 0.0
    var fuelEfficinet : Float = 0.0

    var speed : Float = 0.0 // 陸:走る速度
    var depth : Float = 0.0 // 海:泳ぐ深度
    var altitude : Float = 0.0 // 空:飛ぶ高度

    func isType(type: Type) -> Bool{
        return types.contains(type)
    }
    func showFuel() { print("ガソリンの残りは\(fuel)Lです。") }

    func run(){} // 陸:走る速度
    func swim(){} // 海:泳ぐ深度
    func fly(){} // 空:飛ぶ高度
}
```

上記のVehicleクラスについて段階を踏んで詳しく見ていきます。

```swift
    var name : String = ""
    var types = [Type]()
    var fuel : Float = 0.0
    var fuelEfficinet : Float = 0.0

    var speed : Float = 0.0 // 陸:走る速度
    var depth : Float = 0.0 // 海:泳ぐ深度
    var altitude : Float = 0.0 // 空:飛ぶ高度
```

　name（名前）、types（陸海空のタイプ）、fuel（ガソリン）、fuelEfficinet（燃費）といったすべての乗り物に共通するプロパティがまず定義・初期化されています。乗り物のタイプを複数持つことが想定されているので、typesは列挙型Typeの配列にします。次に陸海空にそれぞれの必要なプロパティspeed、depth、altitudeを定義・初期化しています。

```swift
    func isType(type: Type) -> Bool{
        return types.contains(type)
    }
    func showFuel() { print("ガソリンの残りは\(fuel)Lです。") }

    func run(){} // 陸:走る速度
    func swim(){} // 海:泳ぐ深度
```

第3章　前準備 〜プロトコル指向とは　35

```
func fly(){} // 空：飛ぶ高度
```

　次はメソッドです。タイプを判定するためのisType()、ガソリンの量を表示するための
showFuel()といったすべての乗り物に共通するメソッドが定義され、具体的な処理が実装され
ています。次に陸海空にそれぞれの必要なメソッドrun()、swim()、fly()を定義していま
す。継承先でオーバーライドされて詳しく実装されることを期待しているので、具体的な実装
は書かないで空にしてあります。

　このVehicleクラスを継承した具体的なクラスPatoCar（パトカー）、Submarine（潜水艦）
とSkyCar（スカイカー）について見ていきます。

　まずはPatoCarクラスから見ていきましょう。以下がPatoCarクラスのコードになります。

PatoCar クラス

```
class PatoCar : Vehicle {
    override init() {
        super.init()
        name = "パトカー"
        types = [.Land]
        fuel = 50.0
        fuelEfficinet =  10.0

        speed = 60.0
    }
    override func run() { print("地上を走ります。") }
}
```

　PatoCarクラスはVehicleクラスを継承していますので、Vehicleクラスで低義したプロパ
ティおよびメソッドを持っています。init()でVehicleクラスで定義したプロパティに値
を代入しています。またパトカーは陸の乗り物なのでtypesプロパティにはTypeの要素Land
を代入、陸用のspeedプロパティに値を代入、run()メソッドを具体的に実装しています。

　次にSubmarineクラスを見ていきましょう。以下がSubmarinerクラスのコードになります。

Submarine クラス

```
class Submarine : Vehicle {
    override init() {
        super.init()
        name = "潜水艦"
        types = [.Air]
        fuel = 5000.0
        fuelEfficinet =  30.0
```

36 ｜ 第3章　前準備 ～プロトコル指向とは

```
        depth = 3000.0

    }
    override func swim() { print("海を泳ぎます。") }
}
```

　PatoCarクラス同様に、SubmarinerクラスはVehicleクラスを継承していますので、Vehicleクラスで低義したプロパティおよびメソッドを持っています。init()でVehicleクラスで定義したプロパティに値を代入しています。一方、潜水艦は海の乗り物なのでtypesプロパティにはTypeの要素Seaを代入、海用のdepthプロパティに値を代入、swim()メソッドを具体的に実装しています。

　最後に、SkyCarクラスについて見ていきましょう。ちなみにスカイカーは空を飛ぶ自動車のことで、空を飛ぶことも、道路を走ることもできます。以下がSkyCarクラスのコードになります。

SkyCarクラス

```
class SkayCar : Vehicle {
    override init() {
        super.init()
        name = "スカイカー"
        types = [.Land, .Air]
        fuel = 2000.0
        fuelEfficinet = 2.0

        speed = 60.0
        altitude = 1000.0

    }

    override func run() { print("地上を走ります。") }
    override func fly() { print("空を飛びます。") }
}
```

　PatoCarクラスと同様に、SkayCarクラスはVehicleクラスを継承していますので、Vehicleクラスで低義したプロパティおよびメソッドを持っています。init()でVehicleクラスで定義したプロパティに値を代入しています。一方、PatoCarクラスと違って、スカイカーは陸の乗り物でもあり、空の乗り物でもあるので、typesプロパティにはTypeの要素LandとAirの2つを代入、陸用のspeedプロパティに値を代入、run()メソッドを具体的に実装、空用のspeed

第3章　前準備 〜プロトコル指向とは　37

プロパティに値を代入し、fly() メソッドを具体的に実装しています。

　ここで、今までの3つのクラスを実際に使って見ましょう。ここでは前章のオブジェクト指向でも述べたポリモルフィズムを使います。今回はすべてのクラスがVehicleクラスをスーパークラスとしていますので、この性質をつかって違うクラスのインスタンスをVehicleクラスのタイプとして、1つにまとめて扱うことができます。次のリストが3つのクラスを使った例になります。

3つのクラスを使った例

```
var vehicles = [Vehicle]()
var vehicle1 = PatoCar()
var vehicle2 = PatoCar()
var vehicle3 = Submarine()
var vehicle4 = SkayCar()

vehicles += [vehicle1, vehicle2, vehicle3, vehicle4]

for v in vehicles {
    if v.isType(type: .Land) {
        print("\(v.name) は陸の乗り物です")
        v.run()
    }

    if v.isType(type: .Sea) {
        print("\(v.name) は海の乗り物です")
        v.swim()
    }

    if v.isType(type: .Air) {
        print("\(v.name) は空の乗り物です")
        v.fly()
    }
}
```

　vehiclesはVehicleクラスのインスタンスを要素とする配列になります。vehicle1とvehicle2はPatoCarクラスのインスタンス、vehicle3はSubmarineクラスのインスタンス、vehicle4はSkayCarクラスのインスタンスです。それぞれ違うクラスのインスタンスですが、共通のVehicleクラスをスーパークラスに持っているのでvehicles配列で1つにまとめて扱うことができます。（ポリモルフィズム）

　上記のコードのfor文でvehiclesクラスのすべての要素に対して、isType() メソッドでどのタイプに属しているかを判断し、それぞれのタイプに固有なメソッド（run()、swim()、 fly()を実行させています。スカイカーのように2つのタイプをとりうる乗り物もあるので、if〜else文を使っていません。次のリストが、上記のコードを実行した結果になります。スカイカーは陸および空両方のメソッドを実行していることに注目して下さい。

実行結果

```
乗用車は陸の乗り物です
地上を走ります。
乗用車は陸の乗り物です
地上を走ります。
潜水艦は空の乗り物です
スカイカーは陸の乗り物です
地上を走ります。
スカイカーは空の乗り物です
空を飛びます。
```

この例から見るオブジェクト指向の問題点

　今回のオブジェクト指向で設計した例には大きな問題点があります。それは、前項でクラス図を考えた時に述べたように、オブジェクト指向においては複数のクラスの継承が許されていないことから起こります。ひとつのサブクラスはひとつのスーパークラスしか持つことできないことを単一継承と呼びます。Swift以外の言語でも、単一継承のプログラミング言語では共通な処理をスーパークラスに持たせようとしすぎて、スーパークラスが肥大化してしまいます。これによって、以下の問題が起こります。

・スーパークラスのコードが長くなる

・どのプロパティの初期化・メソッドの実装が必要か考慮する必要がある

・不必要な継承が発生する

　まず、あるクラスは必要があるけど、他のあるクラスには必要のないプロパティやメソッドをスーパークラスに追加することによって、コードが長くなってしまいます。今回の例では、本来なら最低限の共通な処理だけをスーパークラスに入れるべきですが、単一継承の制限のため、下記の例のように特定のサブクラスにしか必要のないプロパティ（speed、depth、altitude）、メソッド（run()、swim()、fly()）をスーパークラスに書くことになるので、コードが長くなってしまいます。

```swift
class Vehicle {
    (省略)
    /* これらのプロパティは本当は分けたい!! */
    var speed : Float = 0.0 // 陸:走る速度
    var depth : Float = 0.0 // 海:泳ぐ深度
```

第3章　前準備〜プロトコル指向とは　39

```
    var altitude : Float = 0.0 // 空:飛ぶ高度
    (省略)
    /* これらのメソッドは本当は分けたい!! */
    func run(){} // 陸:走る速度
    func swim(){} // 海:泳ぐ深度
    func fly(){} // 空:飛ぶ高度
}
```

　また、サブクラスを実装するときにどのプロパティを初期化する・どのメソッドを実装する必要があるか考慮する必要がでてきます。例えば、Submarine（潜水艦）クラスを実装しようとしたときに、海の乗り物なので本来なら、depthプロパティを初期化すべきところを、speedプロパティを初期化してしまう可能性があります。

```
class Submarine : Vehicle {
    override init() {
        super.init()
        name = "潜水艦"
        types = [.Air]
        fuel = 5000.0
        fuelEfficinet =  30.0

        speed = 3000.0 // 本当は depthプロパティを初期化すべき

    }
    override func swim() { print("海を泳ぎます。") }
}
```

　次に、あるクラスは必要があるけど、他のあるクラスには必要のないプロパティやメソッドが継承されてしまう問題があります。下記の例のように間違えて、本来なら呼ばれるべきではないメソッドが呼ばれてしまう可能性があります。

```
vehicle3 = Submarine()
vehicle3.fly() // 潜水艦は飛べないのにエラーがでない。
```

オブジェクト指向の問題に対してのプロトコル指向

　これまで述べたように、オブジェクト指向では、Swiftの単一継承を理由とした前述の問題が起きてしまいます。そこでその問題の解決するアプローチとしてプロトコル指向は提唱されました。ここではオブジェクト指向での問題に対して解決策としてのプロトコル指向の設計のメ

40　　第3章　前準備 ～プロトコル指向とは

リットを、先程と同じ乗り物についてプロトコル指向で設計する例で説明します。

もう一度、設計の前提をおさらいしましょう。

「陸、海、空の3つのタイプがあり、複数のタイプを持つことができる」とします。そして、それらのタイプはそれぞれ以下のような性質を持つとします。

- 陸のタイプ：「走る（run）」と「走る速度（speed）」
- 海のタイプ：「泳ぐ（swim）」と「泳ぐ深度（depth）」
- 空のタイプ：「飛ぶ（fly）」と「飛ぶ高度（depth）」

コードを書く前に、オブジェクト指向の設計でクラスの階層図を考えたように、プロトコル指向の設計でもまず、プロトコルの階層図を考えてみます。

乗り物の全般をさし、一番の継承元となるVehicleプロトコルを考えて、陸海空のタイプごとに継承したLandVehicleプロトコル、SeaVehicleプロトコル、AirVehicleプロトコルを考えます。そして、陸海空それぞれのプロトコルに対応して準拠させたパトカー、潜水艦といった具体的な乗り物を構造体で実装するような設計を考えてみましょう。プロトコルの階層図にしたのが以下の図3.5です。

図3.5: プロトコル階層図

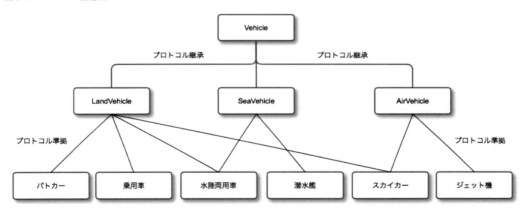

今回の図は、オブジェクト指向で設計した時の「間違っていた図」とほぼ同じになります。プロトコル指向にはプロトコルコンポジションという特長があり、複数のプロトコルを準拠することができるのでこの様な図を実現することができます。これがオブジェクト指向の単一継承の問題に対するプロトコル指向の1つのメリットになります。

では、このプロトコルの図を元に、実際にコードによる定義・実装を考えていきます。

最初に、すべての乗り物の基本となるVehicleプロトコルの定義を考えてみましょう。以下がVehicleプロトコルのソースコードになります。

Vehicleプロトコル

```
protocol Vehicle {
```

```
  var name : String {get}
  var fuel : Float {get set}
  var fuelEfficinet : Float {get}
}
```

　上記の例のVehicleプロトコルには、name、fuel、fuelEfficinetといったすべての乗り物に共通するプロパティが宣言されています。オブジェクト指向で設計したときには、すべてのサブクラスがshowFuel()を共通の処理として持っていました。ここでプロトコル拡張を用いて共通の処理を実装します。今回はさらにすべての乗り物に共通なガソリンを給油するaddFuel()を加えます。以下がVehicleプロトコル拡張のソースコードになります。

Vehicle プロトコル拡張

```
extension Vehicle {
    func showFuel() { print("ガソリンの残りは\(fuel)Lです。") }
    mutating func addFuel(liter: Float) { fuel += liter }
}
```

　このようにプロトコル拡張はプロトコルにデフォルト実装を追加することができます。これによって、プロトコルを準拠するクラス・構造体等のすべてはデフォルト実装を使うことができます。今回の例ではVehicleプロトコルを準拠するパトカー、潜水艦等すべての乗り物はshowFuel()とaddFuel()を使うことができます。

　次は陸海空の乗り物それぞれにLandVehicle、SeaVehicle、AirVehicleプロトコルを定義します。以下がそれら3つのコードになります。

LandVehicle、SeaVehicle、AirVehicle プロトコル

```
protocol LandVehicle : Vehicle {
    var speed : Float {get set}
    func run()
}

protocol SeaVehicle : Vehicle {
    var depth : Float {get set}
    func swim()
}

protocol AirVehicle : Vehicle {
    var altitude : Float {get set}
    func fly()
}
```

陸海空のそれぞれに特有なプロパティ（speed、depth、altitude）、メソッド（run()、swim()、fly()）が各プロトコルに分けて宣言されています。このように小さく分割することによって、オブジェクト指向でのスーパークラスのコードが長く肥大化してしまう問題と不必要な継承が発生してしまう問題を解決しています。オブジェクト指向の際にすべてをスーパークラスに入れた場合と比べて、独立して依存関係が小さくなりコードもスッキリします。そして、陸海空の乗り物に必要なものだけが継承されるようになり、オブジェクト指向の時に起きた、本来なら呼ばれるべきではないメソッドが呼ばれてしまう可能性がなくなりより安全になります。

　またこれら3つのプロトコルはすべてVehicleプロトコルを継承していますので、Vehicleプロトコルとその拡張で定義した宣言およびデフォルト実装を引き継いでいます。

　次は、これらの陸海空のプロトコル継承した具体的な構造体PatoCar（パトカー）、Submarine（潜水艦）とSkyCar（スカイカー）について見ていきましょう。

　まずはPatoCar構造体から見ていきましょう。以下がPatoCar構造体のコードになります。

PatoCar構造体

```
struct PatoCar : LandVehicle {
  let name = "パトカー"
  var fuel : Float = 50.0
  let fuelEfficinet : Float = 10.0

  var speed : Float = 60.0
  func run() { print("地上を走ります。") }
}
```

　上記の例では、準拠した継承元のVehicleプロトコルおよびLandVehicleに宣言されたプロパティの初期化とメソッドの実装をしています。

　プロトコル指向で実装した例との比較をするために、もう一度オブジェクト指向でのパトカーの実装を見てみましょう。

オブジェクト指向でのパトカーの実装

```
class PatoCar : Vehicle {
    override init() {
        super.init()
        name = "パトカー"
        types = [.Land]
        fuel = 50.0
        fuelEfficinet =  10.0

        speed = 60.0
```

第3章　前準備 〜プロトコル指向とは　43

```
    }
    override func run() { print("地上を走ります。") }
}
```

　今回の例でプロトコル指向での実装の例とオブジェクト指向での実装の大きな違いはstruct（構造体）で定義するか、class（クラス）で定義するかの違いです。

　構造体もクラスもどちらもプロパティおよびメソッド等を持つことが出来ますが、大きな違いはデータ型であるか参照型であるかです。Swiftではどちらも定義することができ、目的および状況によって、一般的に構造体を用いて実装したほうがいいとされています。その理由は安全性です。

　プログラミング言語のアーキテクチャレベルの話になりますが、参照型はひとつのメモリ領域についてポインタを用いて参照しています。そのメモリ領域に対して複数のポインタが参照しているときに、意図していないのに他のポインタによって参照先のメモリの内容が書き換えられている可能性があります。一方、データ型は複数のポインタが同一のメモリ領域を参照することはなく、そのデータをまるごと別領域にコピーしますので、他のポインタによって変更されることはないのでより安全になります。

　次にSubmarine構造体を見ていきましょう。次のリストがSubmariner構造体のコードになります。

Submarine 構造体

```
struct Submarine : SeaVehicle {
    let name = "潜水艦"
    var fuel : Float = 5000.0
    let fuelEfficinet : Float = 30.0

    var depth : Float = 3000.0
    func swim() { print("海を泳ぎます。") }
}
```

　上記の例では、PatoCar構造体同様に、準拠した継承元のVehicleプロトコルおよびSeaVehicleに宣言されたプロパティの初期化とメソッドの実装をしています。

　最後に、SkyCar構造体について見ていきましょう。次のリストがSkyCar構造体のコードになります。

SkyCar 構造体

```
struct SkyCar : LandVehicle, AirVehicle {
    let name = "スカイカー"
    var fuel = 2000.0
```

```
    let fuelEfficinet = 2.0

    var speed = 60.0
    var depth = 1000.0
    func run() { print("地上を走ります。") }
    func fly() { print("空を飛びます。") }


}
```

SkyCar構造体はプロトコルコンポジションを用いてLandVehicle、AirVehicleの2つのプロトコルに準拠しています。継承元のVehicleプロトコルであるLandVehicleとAirVehicleプロトコルすべてに宣言されたプロパティの初期化とメソッドの実装をしています。注目すべき点は、上記の例でLandVehicleとAirVehicleを2つ準拠しているように、オブジェクト指向の単一継承問題を複数のプロトコルを準拠できる特長を用いて解決しています。

ここで、今までの3つの構造体を実際に使って見ましょう。先程のオブジェクト指向で設計した時のようにプロトコルでもポリモルフィズムが使えます。今回はすべてのクラスがVehicleプロトコルを準拠していますので、この性質をつかって3つの構造体のインスタンスを1つの配列にまとめて扱うことができます。以下が3つの構造体を使った例になります。

3つの構造体を使った例

```
var vehicle1 = PatoCar()
var vehicle2 = PatoCar()
var vehicle3 = Submarine()
var vehicle4 = SkyCar()
var vehicles : [Vehicle] = [vehicle1, vehicle2, vehicle3, vehicle4]

for v in vehicles {
    if let vehicle = v as? LandVehicle {
        print("\(vehicle.name) は陸の乗り物です")
        vehicle.run()
    }

    if let vehicle = v as? SeaVehicle  {
        print("\(vehicle.name) は海の乗り物です")
        vehicle.swim()
    }

    if let vehicle = v as? AirVehicle  {
        print("\(vehicle.name) は空の乗り物です")
        vehicle.fly()
```

第3章 前準備 〜プロトコル指向とは 45

```
        }
    }
```

vehiclesはVehicleプロトコルを準拠したインスタンスを要素とする配列になります。vehicle1とvehicle2はPatoCar構造体のインスタンス、vehicle3はSubmarine構造体のインスタンス、vehicle4はSkayCar構造体のインスタンスです。それぞれ違う構造体のインスタンスですが、共通のVehicleプロトコルを準拠しているので、vehicles配列で1つにまとめて扱うことができます。（ポリモルフィズム）

オブジェクト指向の設計では、上記コードのfor文に相当する部分ではvehicles配列のすべての要素に対してisType()メソッドでどのタイプに属しているかを判断してそれぞれのタイプに固有なメソッド（run()、swim()、fly()）を実行させていました。今回のプロトコル指向の設計ではタイプごとのプロトコルを定義できたので、準拠しているプロトコルごとにif文で処理を分岐させています。

```
for v in vehicles {
    if let vehicle = v as? LandVehicle { // ダウンキャスト
        print("\(vehicle.name) は陸の乗り物です")
        vehicle.run()
    }
    （省略）
}
```

このリストは、for文の中のif文の分岐処理の一部です。今回のvehiclesはVehicleタイプの配列なので、vは形式上はVehicleタイプのインスタンスになります。そこでオプショナルバインディングとas?によるダウンキャストを用いてLandVehicleかどうかを判断しています。そしてLandVehicleにダウンキャストが出来た場合のみ、陸の乗り物固有のrun()メソッドを実行しています。この一連の流れを陸海空すべての乗り物の判断に対して行います。

下記が実行した結果になります。

```
パトカーは陸の乗り物です
地上を走ります。
パトカーは陸の乗り物です
地上を走ります。
潜水艦は海の乗り物です
海を泳ぎます。
スカイカーは陸の乗り物です
地上を走ります。
スカイカーは空の乗り物です
空を飛びます。
```

46 | 第3章 前準備 〜プロトコル指向とは

第4章　前準備 〜入門書には書かれていないが重要なiOS開発Tips

4.1　コードでレイアウトを組む

　この章では、コードでレイアウトを組む方法を学びます。

　入門書やネット上にあるサンプルコードなど皆さんが学んできたコードの多くは、インターフェースビルダーやストーリーボードでレイアウトを組むものだったのではないでしょうか。

　しかし実務においては、コードのみでレイアウトを組む場面が多くなります。筆者の経験上、全てコードで書いているiOS projectはかなり多くあるのではと考えています。例えばUberはストーリーボードを一切使っていません。特定のアプリがストーリーボードを使っているか否かはアプリのipaファイルを解凍することで知ることができます。本書ではipaファイルの解凍方法の詳細は触れませんが、簡単にできるのでぜひ挑戦してみてください。

frameでレイアウトを組む

　コードでレイアウトを組む際の最もシンプルな方法はframeを使うことです。frameはoriginとsizeというプロパティを持つ構造体で、originはxとy、sizeはwidthとheightをプロパティとして持っています。例えばx座標30、y座標50、widthが100、heightが200のUILabelをコードでレイアウトを組むと以下のようになります。

```
override func viewDidLoad() {
    super.viewDidLoad()
    /*
    UILabelを生成
    */
    let label = UILabel()

    /*
    UILabelのレイアウトを決めている
    */
    label.frame = CGRect(x: 30, y: 50, width: 100, height: 200)

    /*
    ViewControllerのviewの上にのせる
    */
    view.addSubView(label)
```

```
}
```

相対的なレイアウトを組む

　iOS開発におけるレイアウトは、様々なデバイス画面に対応しなければなりません。上記の例のようにx座標やy座標が絶対値で決まってるレイアウトであれば30、50と数値を直接入れて問題はありませんが、画面の幅やUI部品同士の相対的な位置からレイアウトを組みたい場合があります。例えば、以下のような仕様のUIを作成してみましょう。

　・画面の左から50、右から50あり、widthは画面のwidthに応じて可変なUILabel。y座標
　　は50、heightは100と固定値
　・上記のUILabelの右10、下30にあり、widthが30、heightが100のUIButton

```
override func viewDidLoad() {
  super.viewDidLoad()

  let label = UILabel()
  label.frame = CGRect(x: view.frame.origin.x + 50,
                       y: 50,
                       width: view.frame.width - 50 * 2,
                       height: 100)
  view.addSubView(label)

  let button = UIButton()
  button.frame = CGRect(x: label.frame.maxX + 10,
                        y: label.frame.maxY + 30,
                        width: 30,
                        height: 100)
  view.addSubview(button)
}
```

　labelのx座標は、view.frame.origin.x + 50とViewControllerのviewのx座標から50と指定しています。こうすることでViewControllerのviewの座標がどうであれ、viewのx座標から相対的にレイアウトを組むことができます。labelのwidthはview.frame.width - 50 * 2と、view.frame.widthから50を2回引くことによって、viewのwidthを起点にレイアウトを組んでいます。buttonのレイアウトを決める際に使ったlabel.frame.maxXはlabel.frame.origin.x + label.frame.size.widthのことでlabelの右の座標を取得することができます。label.frame.maxYはlabel.frame.origin.y + label.frame.size.heightのことで、labelの下の座標を取得することができます。

48　　第4章　前準備 〜入門書には書かれていないが重要なiOS開発Tips

ViewControllerクラスではviewDidLayoutSubviewsメソッド内、カスタムViewクラスではlay-
outSubviewsメソッド内でレイアウトを組む

　ViewControllerのviewDidLayoutSubviewsメソッドは、ViewControllerの表示、画
面の向きの変更、ナビゲーションバーの表示、様々な理由でViewControllerのviewのframe
が更新された時に呼ばれます。また、このメソッド内でないと、iPhoneX端末でのレイアウト
で重要なsafeAreaInsetsの値を取得できないので、以下のようにviewDidLoadなどでview
の生成をし、viewDidLayoutSubviewsメソッド内でレイアウトを組みましょう。

```
var label: UILabel!

override func viewDidLoad() {
  super.viewDidLoad()

  label = UILabel()
  view.addSubView(label)
}

override func viewDidLayoutSubviews() {
  super.viewDidLayoutSubviews()

  /*
  viewDidLayoutSubviewsメソッド内でsafeAreaInsetsを元にレイアウトを組む
  */
  label.frame = CGRect(x: view.frame.origin.x + 50,
                       y: view.safeAreaInsets.top + 50,
                       width: view.frame.width - 50 * 2,
                       height: 100)
}
```

　カスタムViewクラスのlayoutSubviewsメソッドは、親Viewのframeが変更されたとき
など、layoutを変更すべきときに呼ばれるメソッドです。カスタムViewクラスのレイアウト
は、このlayoutSubviewsに書くことで画面が回転した時なども対応できるでしょう。

```
  /*
  CustomViewの定義。UIViewを継承し、labelを保持している
  */
class CustomView: UIView {
  var label: UILabel!

  override init(frame: CGRect) {
```

第4章　前準備 ～入門書には書かれていないが重要なiOS開発Tips 49

```swift
        super.init(frame: frame)

        label = UILabel()
        addSubView(label)
    }

    required init?(coder aDecoder: NSCoder) {
        fatalError("init with coder is not implemented")
    }

    /*
    layoutを変更すべきときに呼ばれるメソッド。labelの座標をCustomViewの座標を
起点に
    レイアウトしている。この時frameではなくboundsを使っている。boundsについて
は、
    次のページで説明
    */
    override func layoutSubviews() {
        super.layoutSubviews()

        label.frame = CGRect(x: bounds.origin.x + 50,
                             y: bounds.origin.y + 50,
                             width: bounds.frame.width - 50 * 2,
                             height: 100)
    }
}

class ViewController: UIViewController {

  var customView: CustomView!

  override func viewDidLoad() {
    super.viewDidLoad()

    customView = CostomView()
    view.addSubView(costomView)
  }

  override func viewDidLayoutSubviews() {
    super.viewDidLayoutSubviews()

    /*
```

```
       customViewのframeが変更されると、customViewのlayoutSubviewsが呼ばれ、
customView
    のlabelのframeも更新される
     */
    customView.frame = CGRect(x: view.frame.origin.x + 50,
                              y: view.safeAreaInsets.top + 50,
                              width: view.frame.width - 50 * 2,
                              height: 200)
    }
}
```

bounds と frame

　上記のCustomViewのlabelのレイアウトを組む際に、frameではなくboundsを使いました。boundsはframeと同様のpropertyをもつ構造体で、相対的なレイアウトを決める際に重要な役割を果たします。frameは親Viewからの座標でboundsは自分自身の座標です。以下のようなlabelを例にすると、label.frameは親Viewからx座標50、y座標50離れているので(x: 50, y: 50, width: 100, height: 200)となり、boundsは親View関係なく自分の座標であるためx、y座標は常に0です。

```
let label = UILabel()
label.frame = CGRect(x: 50,
                     y: 50,
                     width: 100,
                     height: 200)
view.addSubView(costomView)

/*
frameは(x: 50, y: 50, width: 100, height: 200)
boundsは(x: 0, y: 0, width: 100, height: 200)
となる
*/
```

　boundsはtransformで回転させた時などに威力を発揮します。まず、以下のようにviewAを生成し、viewControllerの上にaddSubviewします。

```
override func viewDidLoad() {
    super.viewDidLoad()

    let viewA = UIView()
```

```swift
        viewA.frame = CGRect(x: 0,
                             y: 0,
                             width: 300,
                             height: 300)
        view.addSubview(viewA)
    }
```

この時のviewAのframeとboundsは以下のようになります。

・frame: (x: 50 y: 50 width: 100 height: 100)

・bounds: (x: 0 y: 0 width: 100 height: 100)

次に以下のように45度viewAを回転させてみます。

```swift
    viewA.transform = CGAffineTransform(rotationAngle: 45.0)
```

この時のviewAのframeとboundsは以下のようになります。

・frame: (x: 31 y: 31 width: 137 height: 137)

・bounds: (x: 0 y: 0 width: 100 height: 100)

このように、boundsは自分自身が起点となっているので、回転しても値が変わりません。どのような座標を取得したいかという点でframeとboundsを使い分けることが重要です。

コードでAutoLayout

AutoLayoutの解説は、本書では基本的な内容に留めます。詳細な情報は、1章でも紹介した「よくわかる Auto Layout iOSレスポンシブデザインをマスター」を熟読してください。AutoLayoutの全てが書かれているといっても過言ではない良書です。コードでAutoLayoutを組むには以下の2通りの方法があります。

・NSLayoutConstraintを使う

・NSLayoutAnchorを使う（iOS9以降）

NSLayoutConstraintを用いて制約を作る

以下は、labelの上部がViewControllerのViewの上部から10ptだけ離れる制約をNSLayoutConstraintを用いて作成しました。

```swift
  let label = UILabel()
  let constraint = NSLayoutConstraint(item: label,
                                      attribute: .top,
                                      relatedBy: .equal,
                                      toItem: view,
                                      attribute: .top,
```

```
                                                        multiplier: 1.0,
                                                        constant: 10.0)
```

　制約とはviewの位置関係を線形方程式$y = ax + b$で表し、解を求めることです。
NSLayoutConstraintのイニシャライザメソッドの引数の説明は以下です。
- itemは制約を追加する対象のview。上記の例ではlabel。
- attributeは対象のviewの制約を追加する位置
- relatedByはviewの位置関係。.equal、.lessThanOrEqual、.greaterThanOrEqual から選ぶ。
- toItemは制約を追加する対象のview。上記の例ではViewControllerのview。
- attributeはtoItemで指定されたviewの制約を追加する位置
- multiplierは制約式の定数a
- constantは制約式の定数b

NSLayoutAnchorを用いて制約を作る
　以下は、上記の例をNSLayoutAnchorを用いて作成しました。

```
let label = UILabel()
label.topAnchor.constraint(equalTo: view.topAnchor, constant: 10)
```

　NSLayoutAnchorはiOS9から追加され、NSLayoutConstraintに比べて直感的に書くことができます。実際に実務でコードでAutoLayoutを書く際には、NSLayoutConstraintよりNSLayoutAnchorを使う場合が多いでしょう。

AutoresizingMaskを無効にする
　AutoresizingMaskは、ある親Viewに対して、あるViewのどの部分が固定され、どの部分が伸び縮みするかを定義できる仕組みです。
　AutoLayoutが登場する前は、AutoresizingMaskを用いてviewのサイズの変化を実現していました。AutoLayoutを用いても、AutoresizingMaskの影響を受け、ほぼ制約がコンフリクトします。これはUIViewのtranslatesAutoresizingMaskIntoConstraintsをfalseにすることで無効にすることができます。インターフェースビルダーを用いて作成すれば、translatesAutoresizingMaskIntoConstraintsを自動でfalseにしてくれるので意識する必要はありませんが、コードでAutoLayoutを作成する場合は、必ずfalseにしましょう。

```
view.translatesAutoresizingMaskIntoConstraints = false
```

第4章　前準備 〜入門書には書かれていないが重要なiOS開発Tips　｜　53

AutoLayout vs frame

　AutoLayoutとframeどちらの方法でも同じレイアウトを作ることができます。それぞれにメリット、デメリットがあり、それらを踏まえてベストな判断をすることが重要です。

　frameでレイアウトを組むメリットは、描画の速さです。AutoLayoutの仕組みは、内部的には線形方程式を解くことであり、viewや制約が複数ある場合、制約式の連立方程式を行列を用いて解くことになります。アルゴリズムの詳細はCreg J Badros、Alan Borning、Peter J. Stuckeyらによって2001年に発表された、制約充足問題を解くCassowaryの論文を参照してください。Cassowaryを元にAutoLayoutのアルゴリズムが作られています。

　つまり、AutoLayoutはviewと制約の数が増えるほど、計算量が多くなり、viewの描画時間がかかるということです。ほとんどの場合速さの違いを実感する場合はないと思いますが、Twitterのタイムラインのように、viewの数がかなり多いCellをもつtableViewを作ると、多少差を感じることがあります。

　筆者は、Twitterのタイムラインのような、viewの数が多いtableViewをもつアプリを2つ開発したことがあり、一つは全てframeを、もう一方は全てAutoLayoutを用いてレイアウトを作成しました。frameで開発した場合は、iPhone5で見ても、iPhone6で見ても、iPhoneXで見ても、tableViewのscrollのスピードは変わりませんでした。しかし、AutoLayoutの場合、iPhone 7, 8, Xでは問題ないscrollスピードでしたがiPhone6では、明らかにscrollスピードが劣っていました。テストをした端末は2年ほど使ったiPhone6なので、そもそも性能が落ちているということもあったのでしょうが、どんな端末で見てもUXを落とさないアプリケーションを作ることは重要です。このようにviewの数が多い場合はframeを使う方が良いでしょう。それ以外の時は基本全てAutoLayoutで問題ありません。

Interface Builder vs コードでレイアウト

　Interface Builderを使うか、コードでレイアウトを組むか、「Interface Builder vs コード」の構図は筆者がiOSプログラミングを始めた時から毎年のように熱心に議論されているテーマです。Interface Builderは直感的に、素早くUIを作ることができる素晴らしいツールなのに、なぜここまでInterface Builder派とコード派で別れるのでしょうか。それはInterface Builderには以下のようなデメリットがあるからだと考えられます。

・コードレビューのしにくさ
・Interface Builderファイルのコンフリクトを修正することが、コードより困難であること
・UIパーツの継承のしにくさ

コードレビューのしにくさ

　ほとんどの会社では、GitHubやbitbucketのPull Requestをベースにレビューアーをアサインし、コードの妥当性、検証を行ってからマージするという開発フローをとっています。その際に問題になる点が、レビューアーのレビューコストをなるべく抑え、かつ正しくレビューできる

ようにするにはどうするべきか？という点です。

　Interface Builderファイルの実態はXMLですが、XMLファイルは人の目で正しく検証することが困難であり、検証するには、一度Xcode上でInterface Builderを立ち上げ、GUI上で確認しなければいけません。このような点で、Interface Builder fileをPull Requestで検証することは、レビュアーに対する負荷が高いと言えます。

コンフリクトの修正が困難

　前述した通り、Interface Builderファイルの差分は人による検証が難しいものです。よって、複数人が同じInterface Builderファイルに対して修正や追加を行った場合、お互いの差分を安全にマージすることが、通常のコード差分のマージよりも難しくなります。複数人が同じInterface Builderファイルに対してコミットしていないかなどのコミュニケーションを怠ると、Interface Builderファイルはしばしば盛大にコンフリクトが発生します。

UIパーツの継承のしにくさ

　複数の画面を持つアプリを実装する場合、UIクラスの継承をしたい場合がしばしばあります。そのような場合Interface Builderと紐付いている場合、設計が難しくなります。

　Interface Builderで定義していたUIを親としてサブクラスを作成し新しくSubviewを追加する場合、同じようなInterface Builderファイルを複製してそれぞれのUIクラスにひもづけるか、もしくはサブクラス側でしか使用しないSubviewをInterface Builderファイル上に定義しておき、スーパークラスではそのViewを非表示にしておくなどの対応が必要です。このような実装は将来機能をアップデートしたい時に、開発者を混乱させる要因になります。

　上記のようなデメリットや、コードでレイアウトをすることは初めは大変だが、慣れるとそうでもないことなどもあり、「Interface Builder vs コード」という至極どうでも良い議論を永遠としているiOS界隈ですが、筆者が考えるポイントは次の2点です。

- どちらの手法を使ってもレイアウトを作れるようになり、それぞれのメリットデメリットを踏まえて自分で判断できるようになる
- 郷に入ったら郷に従う

　まずiOSエンジニアとして、どちらの手法を使ってもレイアウトを作れるようになることは重要です。それは実際に関わるプロジェクトがどちらを使っているかわからないからです。どちらを使われてもいいように、どちらもできるように準備し、そして、郷に入ったら郷に従いましょう。

4.2　IBActionを使わずコードで定義する

　例えば、UIButtonがタップされた時に何か処理をしたい時など、StoryboardではIBActionを用いて実装します。それをコードでIBActionを使わず実装すると以下のようになります。

第4章　前準備 〜入門書には書かれていないが重要なiOS開発Tips　|　55

```swift
class ViewController: UIViewController {

    var button: UIButton!

    override func viewDidLoad() {
        super.viewDidLoad()

        button = UIButton()
        button.addTarget(self, action: #selector(buttonTapped(_:)),
         for: .touchUpInside)
        view.addSubview(button)
    }

    @objc private func buttonTapped(_ sender: UIButton) {
        // ボタンがタップされた時に呼ばれる
    }
}
```

addTargetメソッドを使うことで、アクションをコードで追加することができます。

4.3　ViewControllerのライフサイクル

ViewControllerはviewDidLoadや、viewDidLayoutSubviewsなど、ViewControllerのView
の表示生成に関するメソッドや、レイアウト完了後に呼ばれるメソッドなどを保持しています。

図 4.1: ViewController のライフサイクル

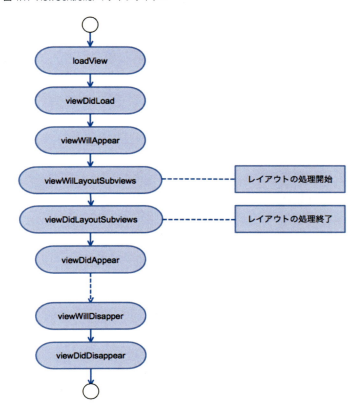

図 4.1 は ViewController のインスタンスが生成されてから、たどる処理のライフサイクルになります。

loadView、viewDidLoad

loadView は ViewController の view がロードされている時に呼ばれるメソッドです。nib、xib などを使用しない場合にカスタム View の初期化を行うことができます。しかし、Apple ドキュメントによると、Storyboard や xib など、Interface Builder を利用している場合はこのメソッドを呼び出してはいけないと記載されています。

```
override func loadView() {
    super.loadView()
}
```

viewDidLoad は、ViewController の view がロードされた後に呼ばれるメソッドです。サブビューのセットアップは一般的にここで行うことになります。

```
override func viewDidLoad {
  super.viewDidLoad()

  let button = UIButton()
  view.addSubview(button)
}
```

viewWillAppear、viewDidAppear

viewWillAppearはviewが表示される直前に、何回も呼ばれます。loadView、viewDidLoad
は一回しか呼ばれませんが、viewWillAppearは、その画面を表示する度に呼ばれます。

```
override func viewWillAppear {
  super.viewWillAppear()
}
```

viewDidAppearは完全に画面遷移が完了し、スクリーン上に表示された時に呼ばれます。

```
override func viewDidAppear {
  super.viewDidAppear()
}
```

viewWillDisappear、viewDidDisappear

viewWillDisappearは、ViewControllerのviewが表示されなくなる直前、dismissメソッドな
どにより呼ばれます。

```
override func viewWillDisappear {
  super.viewWillDisappear()
}
```

viewDidDisappearは、完全に遷移が行われ、スクリーン上からViewControllerが表示されな
くなったときに呼ばれます。

```
override func viewDidDisappear {
  super.viewDidDisappear()
}
```

注意すべき点としては、viewDidDisappearメソッドが呼び出されたからといって viewControllerオブジェクトが破棄されるわけではないということです。例えば、 UITabBarControllerやUINavigationControllerなどに保持され続けている場合はviewController は保持されます。

viewWillLayoutSubviews、viewDidLayoutSubviews

viewWillLayoutSubviewsは、View Controllerのビューのframeが変更された時や、画面が 回転される直前に呼ばれます。この時にはすでに画面の向きは決定しているので、画面の向き に応じた処理もここに記述することができます。

```
override func viewWillLayoutSubviews {
  super.viewWillLayoutSubviews()
}
```

viewDidLayoutSubviewsは、View Controllerのビューのframeが変更された時や、画面が回 転された後に呼ばれます。この時にsafeAreaInsetの値が決定します。

```
override func viewDidLayoutSubviews {
  super.viewDidLayoutSubviews()
}
```

4.4 メモリ管理

Automatic Reference Countingとは

iOSでは、プログラム実行中に生成されるインスタンスを管理するためにリファレンスカウ ンタという仕組みがあります。リファレンスカウンタはあるインスタンスへの参照の数を数え て参照の数が0より大きかったらインスタンスを解放せず保持し、0になったら解放するという 仕組みです。参照数の簡単な例を以下に示します。

```
class classA {

}

let a = classA() // classAを生成したので、a参照カウントは1

var b = a // bがaを参照しているので、aの参照カウントは2

b = nil // bがnilになったので、aの参照カウントは1
```

第4章　前準備 〜入門書には書かれていないが重要なiOS開発Tips　59

```
a = nil // aがnilになったので、aの参照カウントは0
```

このように参照カウントを自動で管理する仕組みがAutomatic Reference Countingです。

インスタンスを解放できない場合

例えば、あるクラスAがクラスBを参照し、クラスBがクラスAを参照するような実装をするとします。

```
class classA {
    var b: classB?

    /*
    deinitはインスタンスが解放された時に呼ばれるメソッド
    */
    deinit {
        print("classAが解放された")
    }
}

class classB {
    var a: classA?

    deinit {
        print("classBが解放された")
    }
}

var a: classA? = classA() //aを生成したので、aの参照カウントは1
var b: classB? = classB() //bを生成したので、bの参照カウントは1

b?.a = a // bがaを参照しているので、aの参照カウントは2
a?.b = b // aがbを参照しているので、bの参照カウントは2

a = nil // aにnilを代入しても、bがaを参照しているので、aの参照カウントは1のま
まで解放されない
```

このような場合、相互に参照し合っているため、aにnilを代入しても参照カウントが0にならず、インスタンスが解放されません。このような状態を循環参照と呼びます。循環参照を放置しておくと、アプリを長時間使い続けた時にメモリが解放されず増え続け、クラッシュする

などのバグを引き起こしてしまうので注意が必要です。

弱参照

　弱参照は参照カウントを増やさず参照する方法です。weakという予約語を使います。

```
weak var a = classA() // classAを生成したが、weakを使っているので参照カウン
トは0になる
```

このweakを使えば、循環参照を解決することができます。

```
class classA {
    var b: classB?

    deinit {
        print("classAが解放された")
    }
}

class classB {
    weak var a: classA? // classBは弱参照でclassAを保持する

    deinit {
        print("classBが解放された")
    }
}

var a: classA? = classA() //aを生成したので、aの参照カウントは1
var b: classB? = classB() //bを生成したので、bの参照カウントは1

b?.a = a // bがaを弱参照しているので、aの参照カウントは1
a = nil // 参照カウントが0になり解放される
```

4.5　Delegateを使って処理を別クラスに任せる

Delegateとは

　Delegateとは、あるオブジェクトがプログラム中でイベントに遭遇したとき、それに代わって、または連携して処理するオブジェクトのことです。delegateされる側とする側があり、「delegateする側」はdelegateオブジェクトが何者なのかはわかりませんが、delegateオブジェクトに対して通知を送ります。そして、delegateオブジェクトは通知を受け取ったあとの処理を行います。

第4章　前準備 〜入門書には書かれていないが重要なiOS開発Tips | 61

Delegate の実装

　Delegate は protocol を用いて定義します。循環参照を回避するために class という予約語を指定し、weak を使えるようにします。詳細は後述します。以下では protocol に string を引数にとる test メソッドを定義しています。

```
protocol TestDelegate: class {
  func test(string: String)
}
```

　Delegate の通知を送る側のクラスは、weak var として先ほど宣言した protocol を保持します。そして、test メソッドが実行されると、TestDelegate の test メソッドを実行するように実装しました。

```
class TestClass {

  weak var delegate: TestDelegate?

  func test() {
    delegate?.test(string: "testメソッドが実行されたという通知を受け取る")
  }
}
```

　TestClass からの Delegate 通知を ViewController が受け取ってみましょう。

```
override func viewDidLoad {
  super.viewDidLoad()

  let testClass = TestClass()
  testClass.delegate = self
  testClass.test()
}

extension ViewController: TestDelegate {
  func test(string: String) {
    print(string)
  }
}
```

　上記のように testClass.test メソッドを実行すると、TestDelegate の test(string: String) メソッドが呼ばれ、以下のような実行結果になります。

62　　第4章　前準備 ～入門書には書かれていないが重要な iOS 開発 Tips

実行結果

testメソッドが実行されたという通知を受け取る

　このようにDelegateを使うことで、TestClassのtestメソッドの処理を、別クラスの
ViewControllerクラスに移譲することができました。

カスタムViewクラスのユーザーインタラクション処理をViewControllerに移譲する

　Delegateの代表的な使いかたの一つは、カスタムViewクラスのユーザーインタラクション
処理をViewControllerに移譲するような処理です。例えば以下のようなViewクラスとデリ
ゲートを作ります。

```swift
protocol TestViewDelegate: class {
    func testViewButtonDidTapped()
}

class TestView: UIView {

  private var button: UIButton!

  weak var delegate: TestViewDelegate?

  override init(frame: CGRect) {
      super.init(frame: frame)

      button = UIButton()
      button.addTarget(self, action: #selector(buttonTapped(_:)),
       for: .touchUpInside)
      addSubview(button)
  }

  required init?(coder aDecoder: NSCoder) {
      fatalError("init(coder:) has not been implemented")
  }

  override func layoutSubviews() {
      super.layoutSubviews()

      button.frame = CGRect(x: 0, y: 0, width: 50, height: 50)
  }
```

第4章　前準備 〜入門書には書かれていないが重要なiOS開発Tips　63

```swift
    @objc private func buttonTapped(_ sender: UIButton) {
        delegate?.testViewButtonDidTapped()
    }
}
```

TestViewはbuttonを保持しており、buttonがタップされると、デリゲートメソッドが呼ばれます。ViewController側でDelegateを受け取る処理は以下です。

```swift
class ViewController: UIViewController {

    var testView: TestView!

    override func viewDidLoad() {
        super.viewDidLoad()

        testView = TestView()
        testView.delegate = self
        view.addSubview(testView)
    }

    override func viewDidLayoutSubviews() {
        super.viewDidLayoutSubviews()

        testView.frame = CGRect(x: 0, y: 0, width: 100, height: 100)
    }
}

extension ViewController: TestViewDelegate {
    func testViewButtonDidTapped() {
        // testviewのbuttonがタップされた
    }
}
```

このように、Delegateを使うことで、TestViewが保持しているbuttonがタップされたあとの処理をViewControllerに移譲することができました。

Delegateは弱参照

Delegateを変数で持つ時は、弱参照にしないと循環参照を引き起こします。上記の例では、testView.delegateにViewControllerが代入されているので、testViewがViewControllerの参照を保持しています。また、ViewControllerがtestViewを生成し

64 第4章 前準備 〜入門書には書かれていないが重要なiOS開発Tips

ているので、当然ViewControllerはtestViewの参照を保持しています。したがって、循環参照を引き起こしてしまいます。weak var delegateとすることで循環参照を回避することができます。

4.6　Closure

Closureは、プログラムを構成する動的な要素として、アプリケーション開発には欠かせない機能の一つです。通信完了後に実行したい、アニメーション完了後に実行したい、あるいは配列のソートを行う時の順序の判定として使いたい、などのように様々な箇所で用いることができます。

Closureの構文

Closureの構文は以下のように書きます。

```
{ (引数の型,...) -> (返り値の型) in
    //処理
}
```

簡単なClosureを作って動かしてみます。

```
var a = { () -> () in
  print("Hello")
}

a() // Helloと表示されます。
```

変数aに代入されているのが、Closureのインスタンスです。以下のようにClosureそのものに引数をもたせたり、返り値をもたせることができます。

```
// 返り値と引数がある
{ (a: Int) -> Bool in
  return a < 0
}
```

Closureを用いてServerの通信が完了した後、成功したらUIを更新、失敗したらエラーアラートを出す処理を作る

Closureは何かの処理を完了した後に何かをしたい、などコールバック関数のような使い方をされます。例として、以下のような仕様のコールバック関数をClosureで作ります。

第4章　前準備 〜入門書には書かれていないが重要なiOS開発Tips　｜　65

・APIClientというクラスが通信処理を保持しており、Serverに対してのリクエストが成功した時にUIを更新したい、失敗した時にはerrorアラートを表示したい

```swift
/*
Error
*/
enum NetworkError: Error, CustomStringConvertible {
    case unknown
    case invalidResponse
    case invalidURL

    var description: String {
        switch self {
        case .unknown: return "不明なエラーです"
        case .invalidResponse: return "不正なレスポンスです"
        case .invalidURL: return "不正なURLです"
        }
    }
}

class APIClient {

    func sendRequest(success: @escaping ([String : Any]) -> (),
                     failure: @escaping (Error) -> ()) {

        /*
        リクエストするURL。ここではtestURLを使っているので実際には、存在する
URLを用いる
        */
        guard let requestUrl = URL(string: "https://test") else {
            /*
            もしrequestUrlがnilだったら、invalidURLエラーをfailure
clousureに渡し、
            処理を終える
            */
            failure(NetworkError.invalidURL)
            return
        }

        /*
        URLRequest、URLSessionを作成
        */
```

66 | 第4章　前準備 ～入門書には書かれていないが重要なiOS開発Tips

```swift
        let request = URLRequest(url: requestUrl)
        let session = URLSession.shared

        /*
         Serverに対するリクエストを実行している
        */
        let task = session.dataTask(with: request) { (data, response,
error) in

        if (error != nil) {
            /*
             もしエラーだったら、errorをfailure clousureに渡し処理を終
える
            */
            failure(error!)
            return
        }

        guard let data = data else {
            /*
             もしServerから何もデータが帰ってこなかったら、unknownエラー
を
            failure clousureに渡し処理を終える
            */
            failure(NetworkError.unknown)
            return
        }

        /*
         Serverから帰ってきたデータをディクショナリー形式に変換する　変換で
きない場合、
        invalidResponseエラーをfailure clousureに渡し処理を終える
        */
        guard
            let jsonOptional = try?
JSONSerialization.jsonObject(with: data,
                options: []),
            let json = jsonOptional as? [String: Any]
            else {
                failure(NetworkError.invalidResponse)
                return
        }
```

第4章　前準備 〜入門書には書かれていないが重要なiOS開発Tips　67

```
            /*
            jsonをsuccess clousureに渡す
             */
            success(json)
        }
        task.resume()
    }
}

let api = APIClient()
api.sendRequest(success: { (json) in

    /*
    success clousureがきたとき呼ばれる　引数はディクショナリー型のjson
    ここでUI更新の処理を記述する
    */
}) { (error) in
    /*
    failure clousureがきたとき呼ばれる　引数はerror
    ここでエラーアラートだす処理を記述する
    */
}
```

このようにClosureを使うことで、Serverに対してのリクエストが成功した後、もしくは失敗したあと特定の処理を記述することができます。

Closureオブジェクトをプロパティとして持つ場合の注意点

ClosureオブジェクトをプロパティとしてもつClosureプロパティからselfを参照すると循環参照に陥る危険性があります。循環参照については前述したメモリ管理を参照してください。例として、次のようなクラスを考えてみます。

・プロパティとしてnameと、シンプルなClosureオブジェクトを持つ
・Closureからselfを参照する

```
class ClosureSample {
    var name: String = ""
    private var printNameClosure: (() -> ())!

    init() {
        /*
        printNameClosureの中でselfを参照している
```

68　第4章　前準備 〜入門書には書かれていないが重要なiOS開発Tips

```
    */
    printNameClosure = {
        print("name = \(self.name)")
    }
  }
}
```

ClosureSampleクラスはプロパティとして`printNameClosure`を持っていて、`self.name`を出力するようにしています。Closureオブジェクトが変数をキャプチャする(‖ の中の処理が呼ばれる)タイミングで、オブジェクトはClosureから所有されます。ClosureSampleのインスタンスがClosureを所有し、キャプチャのタイミングでClosureオブジェクトがインスタンスを所有するために循環参照が発生します。この循環参照を避けるためには、weakを用いて参照カウントを増やさないことが重要です。

```
  printNameClosure = { [weak self] in
    print("name = \(self?.name)")
  }
```

こうすることで、selfへの参照を弱参照にすることができ、循環参照を避けることができます。

4.7 Grand Central Dispatch

Grand Central Dispatch（以下GCD）は、iOSにおけるマルチスレッドの手法の一つです。

マルチスレッド

マルチスレッドとは、並行処理のことです。iOSではスレッドと呼ばれるものがコードに書いた処理を実行しています。スレッドにはメインスレッドとバックグラウンドスレッドの2つがあり、メインスレッドはUI更新などの時に、バックグラウンドスレッドは通信などUI以外の処理に使われます。バックグラウンドスレッドでUIは更新できません。iOSにおける並列処理の手法にはいくつかの手法があります。

・NSThreadを用いてスレッドを立てて、そのスレッドの中で処理を行う。

・GCDを用いて、処理をしたいタスクをClosureで渡す。

NSThreadを使用した場合コードが複雑になるため、多くの実務ではGCDが使われています。そのためこの節ではGCDを中心に解説します。

並列処理の必要性

3G回線など、条件の良くない通信環境では、当然ながら通信の処理に時間を要します。ま

たデータベースへのアクセスなどでも待ち時間が発生します。これらの処理を画面をメインスレッドで行った場合、画面描画やユーザーのアクションへの反応ができなくなり、いわゆる"固まった"状態になってしまいます。AppStoreの審査基準には「起動後10秒以内にユーザーに何かしらの情報を提示しないとリジェクトの対象となる」とあります。

　一方で、最近のスマートフォンにはマルチコアのCPUが搭載されており、処理できるはずの複数のコアを持て余しています。そこで、待ち時間の発生する処理は別のスレッドで処理を行うことで、アプリケーションの応答性を上げることができ、また計算に時間のかかる処理などは複数のスレッドを用いて並列に処理を行うことでCPUのパワーを存分に発揮することができます。

GCDを用いて並行処理

　GCDを用いてメインスレッドでUI更新は以下のように行います。

```
DispatchQueue.main.async {
    // UI更新処理
}
```

　GCDを用いたバックグラウンド処理は以下のようになります。

```
DispatchQueue.global.async {
    // バックグラウンド更新
}
```

　並行処理なので、実行の順番は保証されません。また詳細は、Appleの公式並列プログラミングガイドを参照してください。(https://developer.apple.com/jp/documentation/ConcurrencyProgrammingGuide.pdf)

4.8　Web API

Web APIとは？

　APIとはApplication Programming Interfaceの略です。Web APIはHTTP/HTTPSを通じてアプリケーションを扱うことができるインターフェースです。世の中のWebサービスには、TwitterなどそれぞれのAPIを公開しているものがあります。Web APIを通して、他のプログラムからWebサーバのデータを取得したり、データをWebサーバに保存したりします。iOS開発においては、WebサーバとWeb APIを用意して、そのWeb APIを使用して、データを取得して画面に表示したり、ユーザーの情報をWebサーバに保存するのが一般的です。

　今回は無料で使用できる「お天気Web API（OpenWeatherMap）」を使用して、iPhoneの画面に取得したデータを表示する例を説明します。

iOSにおけるHTTP通信

　まずiPhoneがHTTP Requestに通信に必要な情報、データを含めてWebサーバに送ります。そしてWebサーバがそのリクエストに応じた情報とデータをHTTP Responseに加えてiPhoneに返信しています。HTTP通信を行うのに必要になるクラスは以下のとおりです。

・URL
・URLRequest
・URLResponse
・URLSession

　これらのクラスをどう具体的に用いるかを、OpenWetherMapのWeb APIを使って東京の現在の天気を取得する例で説明していきます。

　まず、OpenWeatherMap（https://openweathermap.org/）にアクセスし、「Sign Up」からアカウントを作成します

　マイページの[API keys]からAPIキーを確認できます。画像の赤く塗りつぶされた部分です。

　英文で書いてありますが、このAPIキーが使用できるようになるまで10分〜60分ほどかかります。

　次にどのようなAPIが提供されており、それぞれの仕様の内容を確認するために、（https://openweathermap.org/api、図4.2）をチェックして見ましょう。

　たくさんAPIの種類がありますが今回は「Current weather data」を使います。中の仕様を見てみると、api.openweathermap.org/data/2.5/weatherに対して、GETのリクエストに以下のようにパラメータを含めて送ればよさそうです。

第4章　前準備 〜入門書には書かれていないが重要なiOS開発Tips　　71

図 4.2: openWetherMapApi

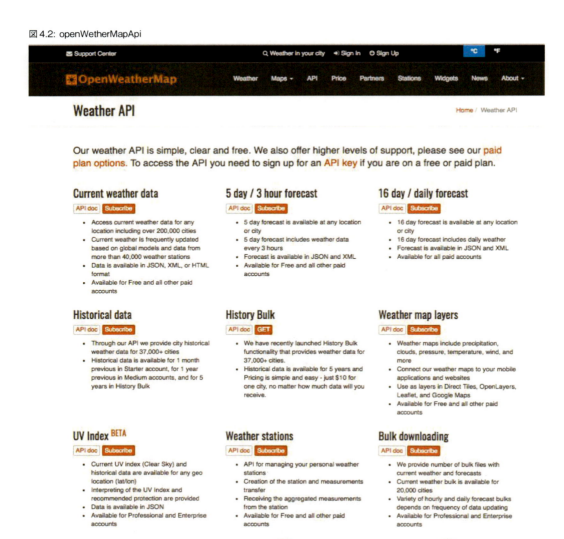

- q: 都市名 今回は Tokyo
- APPID: 先程取得した API キー
- units: 単位を指定 摂氏がいいので metric

実際のどのようなデータが得られるかを確認するためにポストマンを使います。ポストマンはHTTPリクエストをUI上で作成して簡単にテスト検証ができるアプリケーションです。これは https://www.getpostman.com/ からダウンロードができます。

図 4.3: postman のリクエスト画面

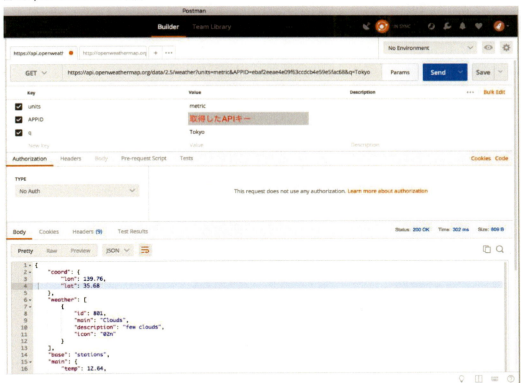

まずは上記の図4.3にあるように https://api.openweathermap.org/data/2.5/weather のベースURL、そして先程の3つのパラメータを設定して下さい。そして右上の青い「Send」ボタンを押してGETリクエストを送ります。

その後、同じ画面の下に以下のようにレスポンスのBodyが表示されます。これらの値はリクエストをした日時によって変わります。

```
{
    "coord": {
        "lon": 139.76,
        "lat": 35.68
    },
    "weather": [
        {
            "id": 801,
            "main": "Clouds",
            "description": "few clouds",
            "icon": "02d"
        }
```

第4章　前準備 〜入門書には書かれていないが重要なiOS開発Tips　73

```
    ],
    "base": "stations",
    "main": {
        "temp": 16,
        "pressure": 1019,
        "humidity": 18,
        "temp_min": 16,
        "temp_max": 16
    },
    "visibility": 10000,
    "wind": {
        "speed": 6.7,
        "deg": 330,
        "gust": 12.3
    },
    "clouds": {
        "all": 20
    },
    "dt": 1523578200,
    "sys": {
        "type": 1,
        "id": 7612,
        "message": 0.004,
        "country": "JP",
        "sunrise": 1523563898,
        "sunset": 1523610726
    },
    "id": 1850147,
    "name": "Tokyo",
    "cod": 200
}
```

このようにWeb APIのリクエストの方法、およびレスポンスのボディの内容を確認できました。次にこれをiOS上で実現し、同じ結果を表示できることを目指します。Xcodeで新しいシングルページアプリケーションのプロジェクトを開いて、ViewController.swiftに以下のコードを書いて下さい。

```
import UIKit

class ViewController: UIViewController {

    var label:UITextView!
```

第4章　前準備 ～入門書には書かれていないが重要なiOS開発 Tips

```swift
    override func viewDidLoad() {
        super.viewDidLoad()

        label = UITextView()
        label.text = "ロード中"
        label.frame = CGRect(x:10, y:30,
width:self.view.frame.width - 20,
            height:300)
        self.view.addSubview(label)

        let unit = "metric"
        let appId = "ebaf2eeae4e09f63ccdcb4e59e5fac68"
        let city = "Tokyo"

        let urlString =
"https://api.openweathermap.org/data/2.5/weather?
        units=\(unit)&APPID=\(appId)&q=\(city)"

        let url = URL(string: urlString)!
        var request = URLRequest(url: url)
        request.httpMethod = "GET"

        let task = URLSession.shared.dataTask(with: request)
        { (data, response, error) in
            guard let data = data else { return }
            do {
                let object = try JSONSerialization.jsonObject(with:
data,
                    options: []) as? [String: Any]
                print(object)
                DispatchQueue.main.async {
                    // UIの変更処理
                    self.label.text = object?.description
                    self.label.sizeToFit()
                }
            } catch let e {
                print(e)
            }
        }
        task.resume()
    }
```

第4章　前準備 〜入門書には書かれていないが重要な iOS 開発 Tips | 75

```swift
    override func didReceiveMemoryWarning() {
        super.didReceiveMemoryWarning()
        // Dispose of any resources that can be recreated.
    }
}
```

　まずは HTTP 通信するために必要なリクエストをつくるための準備の部分から詳しく見てみ
ましょう。

```swift
    let unit = "metric"
    let appId = "(自分が取得したAPIキー)"
    let city = "Tokyo"

    let urlString =
"https://api.openweathermap.org/data/2.5/weather?units=
    \(unit)&APPID=\(appId)&q=\(city)"

    let url = URL(string: urlString)!
    var request = URLRequest(url: url)
    request.httpMethod = "GET"
```

　まずはGETリクエストのパラメータを、リクエストに必要なURL文字列urlStringに埋め込
んでいます。このときappIdは自分が取得したAPIキーを入力して下さい。その後、urlString
からURLクラスのインスタンスurlを作成しています。そしてそのurlからURLRequestク
ラスのインスタンスを作成しています。そして今回はGETメソッドを使うので、requestの
httpMethodプロパティに"GET"の文字列を入れています。これでリクエストの準備ができま
した。次に実際にHTTP通信を行う部分を見ていきましょう。

```swift
    let task = URLSession.shared.dataTask(with: request)
    { (data, response, error) in
        guard let data = data else { return }
        do {
            let object = try JSONSerialization.jsonObject(with: data,
                options: []) as? [String: Any]
            print(object)
            DispatchQueue.main.async {
                // UIの変更処理
                self.label.text = object?.description
                self.label.sizeToFit()
            }
```

```
        } catch let e {
            print(e)
        }
    }
    task.resume()
}
```

　URLSessionにrequestに渡してdataTask(with:completionHandler:)を用いてHTTP通信を行います。ここではURLSessionのシングルトンインスタンスのsharedを使います。この通信が終わり次第、後ろのClosureが実行されます。Closureの中にの引数の中には、HTTP通信レスポンスのdata、HTTPレスポンスrespone、エラーが起きた場合のerrorが入ってきます。

　この時注意してほしいのは、GCDの節でも説明しましたがこの通信はメインスレッドではない別スレッドで非同期に行われるので時間がかかります。そこでUI部分の更新はメインスレッドで行われるように、DispatchQueue.main.async内に記述します。

　上記コードを実行すると、図4.4のように一度「ロード中」と表示されます。その時、非同期の別スレッドで通信が行われています。そして通信が終わってデータを受けとった後、UIを更新して表示しています。(図4.5)

図4.4: データ取得前

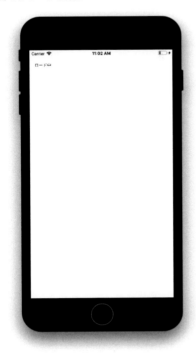

図 4.5: データ取得後

第5章　Model View Controllerデザインパターン

5.1　MVCとは

「Model-View-Controller」（MVC）は非常に古くからあるデザインパターンです。1980年代にSmalltalkによって開発され、さまざまな変化や改良がされてきました。iOSアプリケーションに関わらず広く使われているデザインパターンであり、最も基本的な設計パターンです。従ってまず、MVCをマスターすることが、アプリケーションを作る際の基本となります。

図5.1: MVCデザインパターンの図

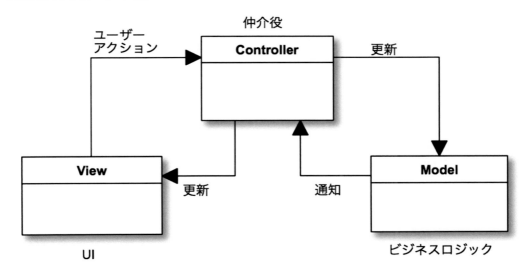

MVCとはアプリケーション全体の構成をModel層、View層、Controller層の3層に分けて開発することです。それぞれは以下のような役割を担っています。

Model層の役割

Model層は、アプリケーションで使うデータの基本的な振る舞いやそれに関するロジックを保持します。具体的には、以下のような役割を担っています。
- データ構造の表現
- Web APIとのやりとり
- ローカルデータベースなどへの保存

・その他データの振る舞いに関するロジック

Model層はアプリケーションのUIやレイアウトに関するロジックは一切保持しません。

View層の役割

View層の役割は、UIに関するロジックを保持することです。これは皆さんが入門書などでも学んだUIButtonや、UILabel、自身で作成したカスタムViewクラスのことを指します。具体的には、以下のような役割を担っています。

・UIの表示

・データを表示するようなUIの場合、Controllerからデータを受け取り、UIに反映させる

・ユーザーインタラクションの認知し、必要に応じてUIを更新する。もしそのユーザーインタラクションをした結果、何かアクションをしたい時、ユーザーインタラクションの情報をControllerに伝達する。

View層はデータ構造に関する一切のロジックを保持しません。

Controller層の役割

Controller層の役割は、ModelとViewの仲介役を行うことです。iOS開発に置けるController層とは主に、皆さんが入門書などでも学んだUIViewControllerを指します。正確に言うと、UIViewControllerではない場合もありますが、混乱を避けるため、また基本を身につけるため本書ではControllerはUIViewControllerとして扱います。

具体的には、以下のような役割を担っています。

・Model層からデータを受け取り、Viewに受け渡し、UIを更新する。

・ユーザーインタラクションをViewから受け取り、適切なアクション処理をする。

・ViewControllerにしかできないロジック処理を行う（ライフサイクルに関わるロジックや画面遷移など）

この構造ではController層のみがModel、Viewに関する情報を知っています。View層はControllerやModelに関する情報は一切持たず、Model層はViewやControllerに関する情報は一切保持していません。

また、iOS開発におけるViewとControllerの境界は曖昧です。Web開発のように明確に区別されているわけではなく、ViewControllerという名前からもわかる通り、UIViewControllerとはViewとControllerが組み合わさったようなクラスです。ViewとViewControllerは明確にクラス分けをされている時もありますし、されてない時もあります。それらは、ケースバイケースで、デザインや仕様などに依存します。

本書では、MVCの基本パターンを取得することが目的なので、どのような場合もViewとViewControllerを明確にクラス分けして解説していきます。

次章では、実際にコードを書きながら学んでいきましょう。

第6章　MVCでタスク管理アプリを作ろう

MVCを用いて、以下のような仕様のシンプルなタスク管理アプリを作成していきます。
・自分のタスク一覧を表示する
・自分のタスクを作成して保存する
・データ保存はUserDefaultsを使う

図6.1: タスク一覧画面とタスク作成画面

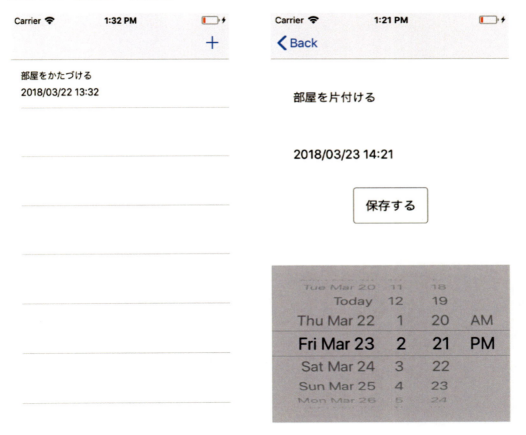

まず、タスク一覧画面についてMVCパターンを用いて作成していきます。
今回のMVCパターンと作成するクラスの対応は図6.2のようになります。

図6.2: タスク管理アプリのMVCパターン

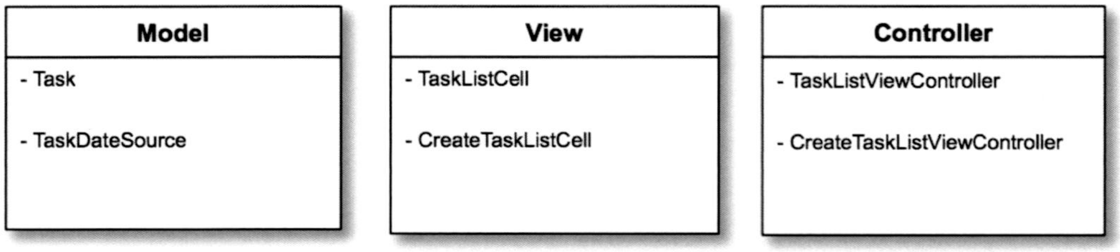

Model	View	Controller
- Task	- TaskListCell	- TaskListViewController
- TaskDateSource	- CreateTaskListCell	- CreateTaskListViewController

6.1 Model層のレイアウト

Model層の役割の一つはデータ構造を表現することでした。この場合のデータとは、タスクに関するデータです。

タスクに関するデータ

・タスクの内容

・タスクの締め切り日時

これをTaskというClassを作って以下のように表現します。

```
class Task {

  let text: String // タスクの内容
  let deadline: Date // タスクの締め切り時間

  /*
   引数からtextとdeadlineを受け取りTaskを生成するイニシャライザメソッド
  */
  init (text: String, deadline: Date) {
      self.text = text
      self.deadline = deadline
  }

  /*
   引数のdictionaryからTaskを生成するイニシャライザ
   UserDefaultで保存したdictionaryから生成することを目的としている
  */
  init(from dictionary: [String: Any]) {
      self.text = dictionary["text"] as! String
      self.deadline = dictionary["deadline"] as! Date
  }
}
```

82 　第6章　MVCでタスク管理アプリを作ろう

Task classは、以下の変数とメソッドを保持しています

・textタスクの内容

・deadlineタスクの締め切り時間

・textとdeadlineを引数に持つイニシャライザ

・dictionaryを引数に持つイニシャライザ

Swiftの中級者向けの本を読んだことがある読者なら、なぜstructではなくclassを使うのか疑問を感じるかもしれません。それぞれにメリットデメリットがありますが、本書では、Modelはclassとして統一します。

Task classは以下のように生成して使用します。

```
let task = Task(text: "部屋を片付ける", deadline: Date())
print(task.text) // "部屋を片付ける"とコンソール上に表示される
print(task.deadline) // 締め切り時間がコンソール上に表示される
```

```
let dictionary = ["text": "部屋を片付ける", "deadline": Date()]
let task = Task(from: dictionary)
print(task.text) // "部屋を片付ける"とコンソール上に表示される
print(task.deadline) // 締め切り時間がコンソール上に表示される
```

もう一つのModel層の役割は、データの振る舞いやそれに関するロジックを保持することでした。この場合のデータに関するロジックとは

・TaskをUserDefaultsに保存する。

・保存したTaskを取り出し、Arrayとして管理する（tableViewで表示させるため）

これをTaskDataSourceというClassを作って以下のように表現します。

```
class TaskDataSource: NSObject {

//Task一覧を保持するArray  UITableViewに表示させるためのデータ
private var tasks = [Task]()

//UserDefaultsから保存したTask一覧を取得している
func loadData() {
    let userDefaults = UserDefaults.standard
    let taskDictionaries = userDefaults.object(forKey: "tasks")
    as? [[String: Any]]
    guard let t = taskDictionaries else { return }
```

第6章　MVCでタスク管理アプリを作ろう　83

```swift
        for dic in t {
            let task = Task(from: dic)
            tasks.append(task)
        }
    }


    //TaskをUserDefaultsに保存している
    func save(task: Task) {
        tasks.append(task)

        var taskDictionaries = [[String: Any]]()
        for t in tasks {
            let taskDictionary: [String: Any] = ["text": t.text,
                                                  "deadline":
t.deadline]
            taskDictionaries.append(taskDictionary)
        }

        let userDefaults = UserDefaults.standard
        userDefaults.set(taskDictionaries, forKey: "tasks")
        userDefaults.synchronize()
    }

    // Taskの総数を返している。UITableViewのcellのカウントに使用する
    func count() ->Int {
        return tasks.count
    }

    /*
    指定したindexに対応するTaskを返している　indexにはUITableViewの
IndexPath.rowが
    くることを想定している
    */
    func data(at index: Int) ->Task? {
        if tasks.count > index {
            return tasks[index]
        }
        return nil
    }
}
```

84 | 第6章　MVCでタスク管理アプリを作ろう

まず、TaskDataSourceはtasksというArrayを保持しています。UITableViewに表示させるために使います。

```
private var tasks = [Task]()
```

次に、TaskDataSourceはTaskをUserDefaultsに保存するメソッドを保持しています。

```
func save(task: Task) {
    tasks.append(task)

    var taskDictionaries = [[String: Any]]()
    for t in tasks {
        let taskDictionary: [String: Any] = ["text": t.text,
                                             "deadline":
t.deadline]
        taskDictionaries.append(taskDictionary)
    }

    let userDefaults = UserDefaults.standard
    userDefaults.set(taskDictionaries, forKey: "tasks")
    userDefaults.synchronize()
}
```

UserDefaultsには自身で作成したClassを保存することができません。UserDefaultsに保存できる型はData、String、Date、Array、Dictionaryなど、Cocoaで定義されている型に制限されています。また、たとえArrayでも、自身で定義したカスタムオブジェクトを保持しているArrayは保存することができません。従って、tasksはそのままでは保存することはできません。

tasksを保存するためには、以下の2通りの方法があります。
・TaskをNSCodingプロトコルに準拠させ、tasksをDataに変換して保存する方法
・TaskをDictionaryに変換させ、Dictionaryを保持するArrayとして保存する方法上記のサンプルコードはTaskを以下のようなDictionaryに変換し、Arrayとして保存しています。

```
[
  {
    "text": "部屋を片付ける"
    "deadline": "2018-03-17 03:30:00"
  },
  {
    "text": "宿題をやる"
```

```
            "deadline": "2018-04-01 06:30:00"
    }
]
```

　また、TaskをNSCodingプロトコルに準拠させ、tasksをDataに変換して保存する方法は以下のようなコードになります。まず、Task classをNSCodingプロトコルに準拠させ、encodeメソッドとdecodeメソッドを追加します。

```
class Task: NSObject, NSCoding {

    let text: String
    let deadline: Date

    func encode(with aCoder: NSCoder) {
        aCoder.encode(text, forKey: "text")
        aCoder.encode(deadline, forKey: "deadline")
    }

    required init?(coder aDecoder: NSCoder) {
        text = aDecoder.decodeObject(forKey: "text") as! String
        deadline = aDecoder.decodeObject(forKey: "deadline") as! Date
    }
}
```

　encode(with aCoder: NSCoder)はオブジェクトをシリアライズするメソッドで、オブジェクトをbyte列データに変換するメソッドです。required init?(coder aDecoder: NSCoder)はオブジェクトをデシリアライズするイニシャライザメソッドで、byte列のデータからオブジェクトを復元するメソッドです。カスタムオブジェクトをDataに正しく変換するために必要なコードです。

　UserDefaultsにNSCodingプロトコルに準拠させたTaskを保持するArrayを保存する方法は以下のようになります。

```
func save(task: Task) {
    tasks.append(task)

    let encodedTask = NSKeyedArchiver.archivedData(withRootObject:
tasks)
    let userDefaults = UserDefaults.standard
    userDefaults.set(encodedTask, forKey: "tasks")
    userDefaults.synchronize()
```

```
}
```

NSKeyedArchiverを用いて、tasksをDataに変換しています。

次に、UserDefaultsに保存したデータを取り出すコードについて説明します。UserDefaults
にDictionaryを保持するArrayとして保存した場合、以下のようなコードになります。

```
func loadData() {
    let userDefaults = UserDefaults.standard
    let taskDictionaries = userDefaults.object(forKey: "tasks")
    as? [[String: Any]]
    guard let t = taskDictionaries else { return }
    for dic in t {
        let task = Task(from: dic)
        tasks.append(task)
    }
}
```

UserDefaultsにNSCodingプロトコルに準拠したTaskを保持するArrayとして保存した
場合、以下のようなコードになります。NSKeyedUnarchiverを用いて、保存したDataをTask
を保持するArrayに変換しています。

```
func loadData() {
    let userDefaults = UserDefaults.standard
    let taskData = userDefaults.object(forKey: "tasks") as? Data
    guard let t = taskData else { return }
    let unArchivedData = NSKeyedUnarchiver.unarchiveObject(with: t)
    as? [Task]
    tasks = unArchivedData ?? [Task]()
    }
}
```

これらのメソッドは以下のように使います。

```
let task = Task(text: "部屋を片付ける", deadline: Date())
let dataSource = TaskDataSource()
dataSource.save(task: task)
dataSource.loadData()
```

次に、TaskDataSourceは、tasksのカウントを返す関数と、指定したindexに応じたTask
を返すメソッドを保持しています。

第6章　MVCでタスク管理アプリを作ろう　87

```swift
func count() ->Int {
    return tasks.count
}

func data(at index: Int) ->Task? {
    if tasks.count > index {
        return tasks[index]
    }
    return nil
}
```

count()メソッドは、以下のようにUITableViewのcellのカウントに使用します。

```swift
func tableView(_ tableView: UITableView,
    numberOfRowsInSection section: Int) -> Int {
        return dataSource.count()
}
```

data(at index: Int)メソッドは、以下のようにIndexPath.rowに応じたTaskの情報をUITableViewCellに反映させるために使用します。

```swift
func tableView(_ tableView: UITableView,
    cellForRowAt indexPath: IndexPath) -> UITableViewCell {
        let cell = tableView.dequeueReusableCell(withIdentifier:
"Cell")
        let task = dataSource.data(at: indexPath.row)
        cell?.textLabel?.text = task?.text
        return cell
    }
```

6.2　View層のレイアウト

View層の役割は、Controllerからデータを受け取りUIに反映させることです。
TaskListCellというUITableViewCellを継承したClassを作ります。

```swift
class TaskListCell: UITableViewCell {

    private var taskLabel: UILabel! // task内容を表示させるLabel
    private var deadlineLabel: UILabel! // deadlineを表示させるLabel
```

```swift
    override init(style: UITableViewCellStyle, reuseIdentifier:
String?) {
        super.init(style: style, reuseIdentifier: reuseIdentifier)

        taskLabel = UILabel()
        taskLabel.textColor = UIColor.black
        taskLabel.font = UIFont.systemFont(ofSize: 14)
        contentView.addSubview(taskLabel)

        deadlineLabel = UILabel()
        deadlineLabel.textColor = UIColor.black
        deadlineLabel.font = UIFont.systemFont(ofSize: 14)
        contentView.addSubview(deadlineLabel)
    }

    required init?(coder aDecoder: NSCoder) {
        fatalError("init(coder:) has not been implemented")
    }

    override func layoutSubviews() {
        super.layoutSubviews()

        taskLabel.frame = CGRect(x: 15.0,
                                 y: 15.0,
                                 width: contentView.frame.width -
(15.0 * 2),
                                 height: 15)

        deadlineLabel.frame = CGRect(x: taskLabel.frame.origin.x,
                                     y: taskLabel.frame.maxY + 8.0,
                                     width: taskLabel.frame.width,
                                     height: 15.0)
    }

    var task: Task? {
        didSet {
            guard let t = task else { return }
            taskLabel.text = t.text

            let formatter = DateFormatter()
            formatter.dateFormat = "yyyy/MM/dd"
```

第6章 MVCでタスク管理アプリを作ろう | 89

```
            deadlineLabel.text = formatter.string(from: t.deadline)
        }
    }
}
```

　TaskListCellはタスク内容を表示させるtaskLabel、締め切り日を表示させるdeadlineLabelの2つのUILabelを保持しています。UILabelの生成、layoutの解説は省きます。大事なポイントは以下のコードです。

```
var task: Task? {
    didSet {
        guard let t = task else { return }
        taskLabel.text = t.text

        let formatter = DateFormatter()
        formatter.dateFormat = "yyyy/MM/dd"

        deadlineLabel.text = formatter.string(from: t.deadline)
    }
}
```

　このdidSetは、プロパティに値がセットされた時に呼ばれます。TaskListCellは、ViewControllerからTaskを受け取り、TaskのtextをtaskLabel.textにdeadlineをdeadlineLabel.textにセットしています。DateFormatterを使ってDateをStringに変換したあと、deadlineLabel.textに値を入れています。ViewControllerから以下のようにtaskをセットします。

```
func tableView(_ tableView: UITableView,
    cellForRowAt indexPath: IndexPath) -> UITableViewCell {
    var cell = tableView.dequeueReusableCell(withIdentifier:
"Cell")
    as! TaskListCell
    let task = dataSource.data(at: indexPath.row)
    cell.task = task
    return cell
}
```

6.3 Controller層のレイアウト

Controller層を役割は、ModelとViewの仲介役を行うことでした。このタスク管理アプリにおける仲介とは、TaskDataSourceから保存されているデータをロードし、TaskListCellのUIに反映させることです。

TaskListViewControllerをいうClassを作り、以下のようにModelとViewの仲介をします。

・viewDidLoad内でTaskDataSourceを生成。viewWillAppear内で画面が表示されるたびに、dataSource.loadData()を行いデータをロードしたあと、tableView.reloadDataをしている。

・cellForRowAt()メソッド内で、dataSource.data(at: indexPath.row)を用いて、indexPath.rowに応じたTaskを取り出し、cellにtaskを渡している。

```swift
import UIKit

class TaskListViewController: UIViewController {

  var dataSource: TaskDataSource!
  var tableView: UITableView!

  override func viewDidLoad() {
      super.viewDidLoad()

      dataSource = TaskDataSource()

      tableView = UITableView(frame: view.bounds, style: .plain)
      tableView.delegate = self
      tableView.dataSource = self
      tableView.register(TaskListCell.self, forCellReuseIdentifier:
"Cell")
      view.addSubview(tableView)

      let barButton = UIBarButtonItem(barButtonSystemItem: .add,
                                      target: self,
                                      action:
#selector(barButtonTapped(:)))
      navigationItem.rightBarButtonItem = barButton
  }

  override func viewWillAppear(_ animated: Bool) {
      super.viewWillAppear(animated)
```

```swift
        dataSource.loadData() //画面が表示されるたびに、データをロードする
        tableView.reloadData() // データをロードした後、tableViewを更新する
    }

    func barButtonTapped(_ sender: UIBarButtonItem) {
        // タスク作成画面へ画面遷移
        let controller = CreateTaskViewController()
        let navi = UINavigationController(rootViewController:
controller)
        present(navi, animated: true, completion: nil)
    }
}

extension TaskListViewController: UITableViewDataSource,
UITableViewDelegate {

    func tableView(_ tableView: UITableView,
        numberOfRowsInSection section: Int) -> Int {
        return dataSource.count() // cellの数にdataSourceのカウントを返して
いる
    }

    func tableView(_ tableView: UITableView,
        heightForRowAt indexPath: IndexPath) -> CGFloat {
        return 68
    }

    func tableView(_ tableView: UITableView,
        cellForRowAt indexPath: IndexPath) -> UITableViewCell {
        let cell = tableView.dequeueReusableCell(withIdentifier:
"Cell")
            as! TaskListCell

        // indexPath.rowに応じたTaskを取り出す
        let task = dataSource.data(at: indexPath.row)

        //taskをcellに受け渡している
        cell.task = task
        return cell
    }
}
```

これでタスク一覧を表示する画面は完成しました。しかし、タスクを作成し保存する画面がないのでタスク作成画面を作りましょう。

6.4 タスク作成画面

タスク作成画面は以下のような仕様です。

CreateTaskViewというUIViewを継承したClassとCreateTaskViewControllerというUIViewControllerを継承したClassを作成します。CreateTaskViewは、タスク内容と締め切り日時を入力させるUITextFieldと、保存ボタンを保持し、入力内容をCreateTaskViewControllerに伝達します。CreateTaskViewControllerは、CreateTaskViewから受け取った入力情報をTaskDataSource.save()メソッドを用いて、保存します。

まずCreateTaskViewから作成していきます。以下のように、UITextField、UIDatePicker、UIButtonを生成し、レイアウトを決めます。

ポイントは3点あります。

・UITextFieldのinputViewをUIDatePickerにすることで、UITextFieldの編集が始まった時に、キーボードの代わりにUIDatePickerを表示することができます。

・UITextFieldDelegateのメソッドで、2つのUITextFieldを識別するために、taskTextField.tag = 0,deadlineTextField.tag = 1としています。

・CreateTaskViewControllerへの値の受け渡しをProtocolで実装しています。

```
/*
CreateTaskViewControllerへユーザーインタラクションを伝達するためのProtocolです。
*/
protocol CreateTaskViewDelegate: class {
    func createView(taskEditting view: CreateTaskView, text: String)
    func createView(deadlineEditting view: CreateTaskView, deadline:
Date)
    func createView(saveButtonDidTap view: CreateTaskView)
 }

class CreateTaskView: UIView {

  private var taskTextField: UITextField! // タスク内容を入力する
UITextField
  private var datePicker: UIDatePicker! // 締め切り時間を表示する
UIPickerView
  private var deadlineTextField: UITextField! // 締め切り時間を入力する
```

第6章　MVCでタスク管理アプリを作ろう　93

```swift
UITextField
    private var saveButton: UIButton! // 保存ボタン

    weak var delegate: CreateTaskViewDelegate? // デリゲート

    required override init(frame: CGRect) {
        super.init(frame: frame)

        taskTextField = UITextField()
        taskTextField.delegate = self
        taskTextField.tag = 0
        taskTextField.placeholder = "予定を入れてください"
        addSubview(taskTextField)

        deadlineTextField = UITextField()
        deadlineTextField.tag = 1
        deadlineTextField.placeholder = "期限を入れてください"
        addSubview(deadlineTextField)

        datePicker = UIDatePicker()
        datePicker.datePickerMode = .dateAndTime
        datePicker.addTarget(self, action:
#selector(datePickerValueChanged(_:)),
          for: .valueChanged)

        /*
        UITextFieldが編集モードになった時に、キーボードではなく、
        UIDatePickerになるようにしている
        */

        deadlineTextField.inputView = datePicker

        saveButton = UIButton()
        saveButton.setTitle("保存する", for: .normal)
        saveButton.setTitleColor(UIColor.black, for: .normal)
        saveButton.layer.borderWidth = 0.5
        saveButton.layer.cornerRadius = 4.0
        saveButton.addTarget(self, action:
#selector(saveButtonTapped(_:)),
          for: .touchUpInside)
        addSubview(saveButton)
    }
```

94　第6章　MVCでタスク管理アプリを作ろう

```swift
@objc func saveButtonTapped(_ sender: UIButton) {
    /*
    saveボタンが押された時に呼ばれるメソッド
    押したという情報をCreateTaskViewControllerへ伝達している。
    */
    delegate?.createView(saveButtonDidTap: self)
}


@objc func datePickerValueChanged(_ sender: UIDatePicker) {
    /*
    UIDatePickerの値が変わった時に呼ばれるメソッド
    sender.dateがユーザーが選択した締め切り日時で、DateFormatterを用いて
String に変換し、
    deadlineTextField.textに代入している
    また、日時の情報をCreateTaskViewControllerへ伝達している
    */

    let dateFormatter = DateFormatter()
    dateFormatter.dateFormat  = "yyyy/MM/dd HH:mm"
    let deadlineText = dateFormatter.string(from: sender.date)
    deadlineTextField.text = deadlineText
    delegate?.createView(deadlineEditting: self, deadline:
sender.date)
  }
}

override func layoutSubviews() {
    super.layoutSubviews()

    taskTextField.frame = CGRect(x: bounds.origin.x + 30,
                                 y: bounds.origin.y + 30,
                                 width: bounds.size.width - 60,
                                 height: 50)

    deadlineTextField.frame = CGRect(x: taskTextField.frame.origin.x,
                                     y: taskTextField.frame.maxY +
30,
                                     width:
taskTextField.frame.size.width,
                                     height:
taskTextField.frame.size.height)
```

```swift
        let saveButtonSize =  CGSize(width: 100, height: 50)
        saveButton.frame = CGRect(x: (bounds.size.width -
saveButtonSize.width) / 2,
                                  y: deadlineTextField.frame.maxY + 20,
                                  width: saveButtonSize.width,
                                  height: saveButtonSize.height)
}

extension CreateTaskView: UITextFieldDelegate {

    func textField(_ textField: UITextField,
      shouldChangeCharactersIn range: NSRange,
       replacementString string: String) -> Bool {
      if textField.tag == 0 {
        /*
        textField.tagで識別している　もしtagが0の時、textField.textすな
わち、
        ユーザーが入力したタスク内容の文字をCreateTaskViewControllerに伝達
している
        */
        delegate?.createView(taskEditting: self, text:
textField.text ?? "")
      }
      return true
    }
}
```

次に、CreateTaskViewControllerを作成します。以下のように、CreateTaskViewのデ
リゲートメソッドから、タスク内容や締め切り日時を受け取り、保存しています。

```swift
import UIKit

class CreateTaskViewController: UIViewController {

    fileprivate var createTaskView: CreateTaskView!

    fileprivate var dataSource: TaskDataSource!
    fileprivate var taskText: String?
    fileprivate var taskDeadline: Date?

    override func viewDidLoad() {
```

```swift
    super.viewDidLoad()

    view.backgroundColor = .white

    /*
    CreateTaskViewを生成し、デリゲートにselfをセットしている
    */
    createTaskView = CreateTaskView()
    createTaskView.delegate = self
    view.addSubview(createTaskView)

    /*
    TaskDataSourceを生成。
    */
    dataSource = TaskDataSource()
}

override func viewDidLayoutSubviews() {
    super.viewDidLayoutSubviews()

    /*
    CreateTaskViewのレイアウトを決めている
    */
    createTaskView.frame = CGRect(x: view.safeAreaInsets.left,
                                  y: view.safeAreaInsets.top,
                                  width: view.frame.size.width -
                                  view.safeAreaInsets.left -
                                  view.safeAreaInsets.right,
                                  height: view.frame.size.height -

                                  view.safeAreaInsets.bottom)
}

/*
保存が成功した時のアラート
保存が成功したら、アラートを出し、前の画面に戻っている
*/
fileprivate func showSaveAlert() {
    let alertController = UIAlertController(title: "保存しました",
     message: nil, preferredStyle: .alert)

    let action = UIAlertAction(title: "OK", style: .cancel) {
```

第6章　MVCでタスク管理アプリを作ろう　97

```
        (action) in
                _ =
self.navigationController?.popViewController(animated: true)
        }
        alertController.addAction(action)
        present(alertController, animated: true, completion: nil)
    }


    /*
    タスクが未入力の時のアラート
    タスクが未入力の時に保存して欲しくない
    */
    fileprivate func showMissingTaskTextAlert() {
        let alertController = UIAlertController(title: "タスクを入力して
ください",
          message: nil, preferredStyle: .alert)

        let action = UIAlertAction(title: "OK", style: .cancel,
handler: nil)
        alertController.addAction(action)
        present(alertController, animated: true, completion: nil)
    }

    /*
    締切日が未入力の時のアラート
    締切日が未入力の時に保存して欲しくない
    */
    fileprivate func showMissingTaskDeadlineAlert() {
        let alertController = UIAlertController(title: "締切日を入力して
ください",
          message: nil, preferredStyle: .alert)

        let action = UIAlertAction(title: "OK", style: .cancel,
handler: nil)
        alertController.addAction(action)
        present(alertController, animated: true, completion: nil)
    }
}

// CreateTaskViewDelegate メソッド
extension CreateTaskViewController: CreateTaskViewDelegate {
    func createView(taskEditting view: CreateTaskView, text: String)
```

98 | 第6章　MVCでタスク管理アプリを作ろう

```
{
    /*
    タスク内容を入力している時に呼ばれるデリゲードメソッド
    CreateTaskViewからタスク内容を受け取り、taskTextに代入している
    */
    taskText = text
}

func createView(deadlineEditting view: CreateTaskView, deadline:
Date) {
    /*
    締め切り日時を入力している時に呼ばれるデリゲードメソッド
    CreateTaskViewから締め切り日時を受け取り、taskDeadlineに代入している
    */
    taskDeadline = deadline
}

func createView(saveButtonDidTap view: CreateTaskView) {
    /*
    保存ボタンが押された時に呼ばれるデリゲードメソッド
    taskTextがnilだった場合showMissingTaskTextAlert()を呼び、
    taskDeadlineがnilだった場合showMissingTaskDeadlineAlert()を呼んで
いる

    どちらもnilでなかった場合に、taskText, taskDeadlineからTaskを生成し、
    dataSource.save(task: task)を呼んで、taskを保存している
    保存完了後showSaveAlert()を呼んでいる
    */
        guard let taskText = taskText else {
            showMissingTaskTextAlert()
            return
        }
        guard let taskDeadline = taskDeadline else {
            showMissingTaskDeadlineAlert()
            return
        }
        let task = Task(text: taskText, deadline: taskDeadline)
        dataSource.save(task: task)

        showSaveAlert()
    }
}
```

第6章　MVCでタスク管理アプリを作ろう

6.5 AppDelegate で TaskListViewController を rootViewController に設定

AppDelegate で TimeLineViewController を設定しています。

```swift
import UIKit

@UIApplicationMain
class AppDelegate: UIResponder, UIApplicationDelegate {

    var window: UIWindow?

    func application(_ application: UIApplication,
      didFinishLaunchingWithOptions launchOptions:
      [UIApplicationLaunchOptionsKey: Any]?) -> Bool {

        window = UIWindow(frame: UIScreen.main.bounds)
        window?.backgroundColor = .white
        window?.rootViewController =
UINavigationController(rootViewController:
        TaskListViewController())
        window?.makeKeyAndVisible()
        return true
    }
}
```

これでBuildをすれば、タスク管理アプリが完成です。

第7章 Model View ViewModelデザインパターン

7.1 MVVMとは

「Model View(ViewController) ViewModel」（以下MVVM）は、もともとWPFやSilverlight、Windows Store AppなどMicrosoft系の開発において採用されているデザインパターンです。このMVVMをiOS開発で用いることでMVCのデメリットである「ViewControllerの肥大化」を防ぐことができます。

前章で学習したMVCパターンは、ViewControllerが中心的な役割を果たしていました。中心的な役割を果たすということは、アプリケーションの多くの重要なロジックをViewControllerが保持する傾向にあるということです。そのためアプリケーションの規模が拡大していくにつれて、ViewControllerが保持するロジックが増加し、ViewControllerが肥大化していきます。

筆者は2000行を超えたViewControllerを複数管理したことがありますが、2～3年程度同じアプリケーションをアップデートし続けるなど、数年に渡って保守し続けた場合、1つのViewControllerが1000行を超えることがあります。

そこで、ViewController以外にももう一つViewModelを加え、ViewControllerが担っていた役割の一部を移譲することでMVCよりも管理しやすいアプリケーションを開発することができます。

図7.1: MVVMデザインパターンの図

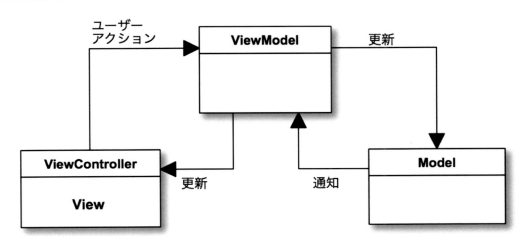

Model 層の役割

　Model 層の役割は、基本的には MVC に置ける Model 層の役割とあまり変わりません。

ViewModel 層の役割

　ViewModel は、MVVM において中心的な役割を果たすクラスで、Model と View、ViewController 層の仲介役を行います。具体的には以下のような役割を担っています。
- ・Model からデータを受け取り、それらを UI に反映できるような形で出力する
- ・View、ViewController からユーザーのアクションの情報受け取り、Model に伝え、Model からデータを受け取り、UI に反映できるような形で出力する

View、ViewController 層の役割

　View の役割は、MVC に置ける View の役割と変わりません。ViewController の役割は、View と ViewModel の仲介役を行うことです。具体的には以下のような役割を担っています。
- ・ViewModel から受け取った出力を View に反映させて UI を更新する
- ・ユーザーのアクションを ViewModel に伝え、ViewModel から新しい出力を受け取り、View に反映させて UI を更新する

　また、実務では MVVM を実現させる為に、RxSwift や ReactiveKit などのフレームワークを導入することが多いのですが、RxSwift を理解する為には、リアクティブプログラミングという別の概念を学ばなければ行けない為、本書ではリアクティブプログラミングを用いずに解説します。

　次章では実際にコードを書きながら、学んでいきましょう。

第8章　MVVMでGitHubクライアントアプリを作ってみよう

MVVMを用いて、以下のような仕様のシンプルなGitHubクライアントアプリを作成していきます。

・GitHubユーザー一覧を取得、tableViewに表示

・ユーザーをタップすると、そのユーザーのGitHubページへ飛ぶ

今回のMVVMパターンと作成するクラスの対応は図8.1のようになります。

図8.1: GitHubクライアントアプリのMVVMパターン

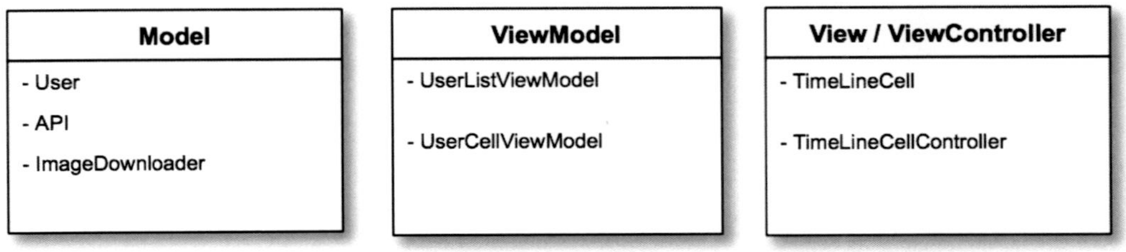

Model	ViewModel	View / ViewController
- User	- UserListViewModel	- TimeLineCell
- API	- UserCellViewModel	- TimeLineCellController
- ImageDownloader		

8.1　アクセスするAPI

GitHubのユーザー一覧を取得する為に、以下のURLにリクエストを送ります。

```
https://api.github.com/users
```

レスポンスとして、以下のようなJSONが返ってきます。

```
[
{
  "login": "mojombo",
  "id": 1,
  "avatar_url": "https://avatars0.githubusercontent.com/u/1?v=4",
  "gravatar_id": "",
  "url": "https://api.github.com/users/mojombo",
  "html_url": "https://github.com/mojombo",
  "followers_url":
"https://api.github.com/users/mojombo/followers",
```

```
    "following_url":
"https://api.github.com/users/mojombo/following{/other_user}",
    "gists_url":
"https://api.github.com/users/mojombo/gists{/gist_id}",
    "starred_url":
"https://api.github.com/users/mojombo/starred{/owner}{/repo}",
    "subscriptions_url":
"https://api.github.com/users/mojombo/subscriptions",
    "organizations_url": "https://api.github.com/users/mojombo/orgs",
    "repos_url": "https://api.github.com/users/mojombo/repos",
    "events_url":
"https://api.github.com/users/mojombo/events{/privacy}",
    "received_events_url":
"https://api.github.com/users/mojombo/received_events",
    "type": "User",
    "site_admin": false
  }
  ]
```

このJSONのid、login、avatar_url、html_urlを用いて作成します。

8.2　Model層のレイアウト

Model層は、以下の3つのクラスを定義しました。

・User

・API

・ImageDownloader

Userクラスの定義は以下のコードです。

```
final class User {
  let id: Int
  let name: String
  let iconUrl: String
  let webURL: String

  init(attributes: [String: Any]) {
      id = attributes["id"] as! Int
      name = attributes["login"] as! String
      iconUrl = attributes["avatar_url"] as! String
      webURL = attributes["html_url"] as! String
  }
```

```
}
```

APIクラスは以下のような役割を持っています。

・https://api.github.com/usersにリクエストを送る

・受け取ったjsonからUserの配列を作成してClosureで返す

・Errorがあったら、ErrorをClosureで返す

APIクラスの定義は以下のコードです。

```
import Foundation

enum APIError: Error, CustomStringConvertible {
  case unknown
  case invalidURL
  case invalidResponse

  var description: String {
    switch self {
    case .unknown: return "不明なエラーです"
    case .invalidURL: return "無効なURLです"
    case .invalidResponse: return "フォーマットが無効なレスポンスを受け取
りました"
    }
  }
}

class API {

  func getUsers(success: @escaping ([User]) -> Void,
                failure: @escaping (Error) -> Void) {
    let requestURL = URL(string: "https://api.github.com/users")
    guard let url = requestURL else {
        failure(APIError.invalidURL)
        return
    }
    var request = URLRequest(url: url)
    request.httpMethod = "GET"
    request.timeoutInterval = 10

    let task = URLSession.shared.dataTask(with: request)
    { (data, response, error) in
        /*
```

第8章　MVVMでGitHubクライアントアプリを作ってみよう　105

```
            Errorがあったら、ErrorをClosureで返す
         */
        if let error = error {
            DispatchQueue.main.async {
                failure(error)
            }
            return
        }

        /*
         dataがなかったら、APIError.unknown ErrorをClosureで返す
         */
        guard let data = data else {
            DispatchQueue.main.async {
                failure(APIError.unknown)
            }
            return
        }

        /*
         レスポンスのデータ型が不正だったら、
         APIError.invalidResponse ErrorをClosureで返す
         */
        guard
            let jsonOptional = try?
JSONSerialization.jsonObject(with: data,
                options: []),
            let json = jsonOptional as? [[String: Any]]
            else {
                DispatchQueue.main.async
{failure(APIError.invalidResponse)}
                return
        }

        /*
         for文でjsonからUserを作成し、[User]に追加し、
         [User]をClosureで返す
         */
        var users = [User]()
        for j in json {
            let user = User(attributes: j)
            users.append(user)
```

106 | 第8章 MVVMでGitHubクライアントアプリを作ってみよう

```
        }
        DispatchQueue.main.async {
            success(users)
        }
    }

    task.resume()

  }
}
```

このAPIクラスは以下のように使います。

```
let api = API()
api.getUsers(success: { (users) in
  // リクエストに成功したら、[User]が返ってくる
}) { (error) in
  // リクエストに失敗したら、Errorが返ってくる
}
```

ImageDownloaderは以下のような役割を担っています。

・画像をダウンロードするリクエストを送る
・画像をダウンロードしたら、一時的にキャッシュし、再度ダウンロードしようとした時に、
　キャッシュがあればキャッシュされたUIImageをClosureで返す
・画像をダウンロード成功したら、UIImageをClosureで返す
・Errorがあったら、ErrorをClosureで返す

ImageDownloaderクラスの定義は以下のコードです。

```
import Foundation
import UIKit

final class ImageDownloader {
    /*
    UIImageをキャッシュする為の変数
    */
    var cacheImage: UIImage?

    func downloadImage(imageURL: String,
                       success: @escaping (UIImage) -> Void,
                       failure: @escaping (Error) -> Void) {
```

```
/*
もしキャッシュされたUIImageがあれば、それをClosureで返す。
*/
if let cacheImage = cacheImage {
    success(cacheImage)
}


/*
リクエストを作成
*/

var request = URLRequest(url: URL(string: imageURL)!)
request.httpMethod = "GET"

let task = URLSession.shared.dataTask(with: request)
{ (data, response, error) in
  /*
  ErrorがあったらErrorをClosureで返す
  */
   if let error = error {
       DispatchQueue.main.async {
           failure(error)
       }
       return
   }

   /*
  dataがなかったら、APIError.unknown ErrorをClosureで返す
  */
   guard let data = data else {
       DispatchQueue.main.async {
           failure(APIError.unknown)
       }
       return
   }

   /*
  受け取ったデータからUIImageを生成できなければ、
  APIError.unknown ErrorをClosureで返す ErrorをClosureで返
  す
  */
   guard let imageFromData = UIImage(data: data) else {
```

```
                    DispatchQueue.main.async {
                        failure(APIError.unknown)
                    }
                    return
                }

                /*
                imageFromData を Closure で返す
                */
                DispatchQueue.main.async {
                    success(imageFromData)
                }

                /*
                画像をキャッシュする
                */
                self.cacheImage = imageFromData
            }
            task.resume()
        }
    }
```

この ImageDownloader クラスは以下のように使います。

```
let imageDownloader = ImageDownloader()
let imageURL = URL(string: test) //  imageURL

imageDownloader.downloadImage(imageURL: imageURL,
                        success: { (image) in
                        // リクエストに成功したら、UIImage が返ってくる
}) { (error) in
    // リクエストに失敗したら、Error が返ってくる
}
```

8.3 ViewModel

ViewModel 層は、以下の2つのクラスを定義しました。

・UserListViewModel

・UserCellViewModel

UserListViewModel は tableView 全体に対して通知を送り、UserCellViewModel は一つ

第8章　MVVM で GitHub クライアントアプリを作ってみよう　109

一つのtableViewCellに対して通知を送ります。UserListViewModelは以下のような役割
を担っています。

・APIクラスから、userの配列を受け取る

・userの配列分だけ、UserCellViewModelを作成して保持する

・現在通信中か、通信が成功したのか、通信が失敗したのかの状態をもち、その状態
をViewControllerに伝える。その状態によってtableViewを更新すべきかどうかを
ViewControllerが決定する

・tableViewを表示するために必要なアウトプットを出力する

UserListViewModel定義は以下です。

```
import Foundation
import UIKit

/*
 現在通信中か、通信が成功したのか、通信が失敗したのかの状態をenumで定義
*/
enum ViewModelState {
    case loading
    case finish
    case error(Error)
}

final class UserListViewModel {

    /*
     ViewModelStateをClosureとしてpropertyで保持
     この変数がViewControllerに対して通知を送る役割を果たす
     */
    var stateDidUpdate: ((ViewModelState) -> Void)?

    /*
     userの配列
     */
    private var users = [User]()

    /*
     UserCellViewModelの配列
     */
    var cellViewModels = [UserCellViewModel]()

    /*
```

110 第8章 MVVMでGitHubクライアントアプリを作ってみよう

```
   Model層で定義したAPIクラスを変数として保持
   */
let api = API()


/*
 Userの配列を取得する
 */
func getUsers() {
    /*
     .loading通知を送る
     */
    stateDidUpdate?(.loading)
    users.removeAll()

    api.getUsers(success: { (users) in
        self.users.append(contentsOf: users)
        for user in users {
            /*
             UserCellViewModelの配列を作成
             */
            let cellViewModel = UserCellViewModel(user: user)
            self.cellViewModels.append(cellViewModel)

            /*
             通信が成功したので、.finish通知を送る
             */
            self.stateDidUpdate?(.finish)
        }
    }) { (error) in
        /*
         通信が失敗したので、.error通知を送る
         */

        self.stateDidUpdate?(.error(error))
    }
}

/*
 tableViewを表示させる為に必要なアウトプット
 UserListViewModelはtableView全体に対するアウトプットなので、
 tableViewのcountに必要なusers.countがアウトプット
 tableViewCellに対するアウトプットは、UserCellViewModelが担当
```

第8章　MVVMでGitHubクライアントアプリを作ってみよう　111

```
    */
    func usersCount() ->Int {
        return users.count
    }
}
```

UserCellViewModelは、Cell一つ一つに対するアウトプットを担当します。具体的には以下のような役割を担っています。

・ImageDownloaderから、そのユーザーのiconをダウンロードする

・Imageをダウンロード中か、ダウンロード終了か、エラーかの状態を持ち、通知を送る。　ダウンロード中の時は、グレーのImageをアウトプットする。成功した時は、そのUIImageをアウトプットする。

・Cellの見た目に反映させるアウトプットをする

UserCellViewModelの定義は以下のコードです。

```
import Foundation
import UIKit

/*
 現在ダウンロード中か、ダウンロード終了か、エラーかの状態をenumで定義
 */
enum ImageDownloadProgress {
    case loading(UIImage)
    case finish(UIImage)
    case error
}

final class UserCellViewModel {

    /*
     ユーザーを変数として保持
     */
    private var user: User

    /*
     ImageDownloaderを変数として保持
     */
    private let imageDownloader = ImageDownloader()

    /*
     ImageDownloaderでダウンロード中かどうかのBool変数として保持
```

112　第8章　MVVMでGitHubクライアントアプリを作ってみよう

```swift
    */
    private var isLoading = false

    /*
     Cellに反映させるアウトプット
     */
    var nickName: String {
        return user.name
    }

    /*
     Cellを選択した時に必要なwebURL
     */
    var webURL: URL {
        return URL(string: user.webURL)!
    }

    /*
     userを引数にinit
     */
    init(user: User) {
        self.user = user
    }

    /*
     imageDownloaderを使ってダウンロードし、
     その結果をImageDownloadProgressとしてClosureで返している
     */
    func downloadImage(progress :@escaping (ImageDownloadProgress) ->
Void) {
        /*
         isLoadingがtrueだったら、returnしている。このメソッドはcellForRow
メソッド
         で呼ばれることを想定しているため、何回もダウンロードしないために
isLoadingを
         使用している
         */
        if isLoading == true {
            return
        }

        isLoading = true
```

```
        /*
         gray の UIImage を作成
         */
        let loadingImage = UIImage(color: .gray, size: CGSize(width:
45,

height: 45))!

        /*
         .loading を Closure で返している
         */
        progress(.loading(loadingImage))

        /*
         imageDownloader を用いて、画像をダウンロードしている。
         引数に、user.iconUrl を使っている
         ダウンロードが終了したら、.finish を Closure で返している
         Error だったら、.error を Closure で返している
         */
        imageDownloader.downloadImage(imageURL: user.iconUrl,
                                    success: { (image) in
                                        progress(.finish(image))
                                        self.isLoading = false
        }) { (error) in
            progress(.error)
            self.isLoading = false
        }
    }
}
```

また、loadingImage を作成する為に使っている UIColor を UIImage に変換するメソッド
は以下のコードです。extension で UIImage に新しいイニシャライザを追加しています。

```
import UIKit

extension UIImage {
    convenience init?(color: UIColor, size: CGSize ) {
        let rect = CGRect(origin: .zero, size: size)
        UIGraphicsBeginImageContextWithOptions(rect.size, false, 0.0)
        color.setFill()
        UIRectFill(rect)
```

```
        let image = UIGraphicsGetImageFromCurrentImageContext()
        UIGraphicsEndImageContext()

        guard let cgImage = image?.cgImage else { return nil }
        self.init(cgImage: cgImage)
    }
}
```

8.4 View

View層は、`TimeLineCell`クラスを定義しました。`TimeLineCell`の定義は以下のコードです。

```
import Foundation
import UIKit

final class TimeLineCell: UITableViewCell {

    /*
     ユーザーのiconを表示させるためのUIImageView
     */
    private var iconView: UIImageView!

    /*
     ユーザーのnickNameを表示させるためのUILabel
     */
    private var nickNameLabel: UILabel!

    override init(style: UITableViewCellStyle, reuseIdentifier:
String?) {
        super.init(style: style, reuseIdentifier: reuseIdentifier)

        iconView = UIImageView()
        iconView.clipsToBounds = true
        contentView.addSubview(iconView)

        nickNameLabel = UILabel()
        nickNameLabel.font = UIFont.systemFont(ofSize: 15)
        contentView.addSubview(nickNameLabel)
    }

    required init?(coder aDecoder: NSCoder) {
```

```swift
            fatalError("init(coder:) has not been implemented")
    }

    override func layoutSubviews() {
        super.layoutSubviews()
        iconView.frame = CGRect(x: 15,
                                y: 15,
                                width: 45,
                                height: 45)
        iconView.layer.cornerRadius = iconView.frame.size.width / 2

        nickNameLabel.frame = CGRect(x: iconView.frame.maxX + 15,
                                     y: iconView.frame.origin.y,
                                     width: contentView.frame.width
                                     - iconView.frame.maxX - 15 * 2,
                                     height: 15)
    }

    /*
     ユーザーのnickNameをセット
     */
    func setNickName(nickName: String) {
        nickNameLabel.text = nickName
    }

    /*
     ユーザーのiconをセット
     */
    func setIcon(icon: UIImage) {
        iconView.image = icon
    }
}
```

8.5 ViewController

　ViewController層は、TimeLineViewControllerクラスを定義しました。以下のような役割を担っています。

- UserListViewModelから通知を受け取り、tableViewを更新する
- UserListViewModelの保持するUserCellViewModelから通知を受け取り、画像を更新するまたCellに必要なUserCellViewModelのアウトプットをCellにセットする

・Cellを選択したら、そのユーザーのGithubページへ画面遷移する

TimeLineViewControllerクラスの定義は以下のコードです

```swift
import Foundation
import UIKit
import SafariServices

final class TimeLineViewController: UIViewController {

    fileprivate var viewModel: UserListViewModel!
    fileprivate var tableView: UITableView!
    fileprivate var refreshControl: UIRefreshControl!

    override func viewDidLoad() {
        super.viewDidLoad()

        /*
        tableViewを生成
         */
        tableView = UITableView(frame: view.bounds, style: .plain)
        tableView.delegate = self
        tableView .dataSource = self
        tableView.register(TimeLineCell.self,
                          forCellReuseIdentifier: "TimeLineCell")
        view.addSubview(tableView)

        /*
         UIRefreshControlを生成し、リフレッシュした時に呼ばれるメソッドを定義
し、
         tableView.refreshControlにセットしている
         */
        refreshControl = UIRefreshControl()
        refreshControl.addTarget(self,
          action: #selector(refreshControlValueDidChange(sender:)),
          for: .valueChanged)
        tableView.refreshControl = refreshControl

        /*
         UserListViewModelを生成し、通知を受け取った時の処理を定義している
         */
        viewModel = UserListViewModel()
        viewModel.stateDidUpdate = {[weak self] state in
```

第8章　MVVMでGitHubクライアントアプリを作ってみよう　117

```swift
        switch state {
        case .loading:
            /*
             通信中だったら、tableViewを操作不能にしている
             */
            self?.tableView.isUserInteractionEnabled = false
            break
        case .finish:
            /*
             通信が完了したら、tableViewを操作可能にし、tableViewを更新
             また、refreshControl.endRefreshingを呼んでいる
             */
            self?.tableView.isUserInteractionEnabled = true
            self?.tableView.reloadData()
            self?.refreshControl.endRefreshing()
            break
        case .error(let error):
            /*
             Errorだったら、tableViewを操作可能にし
             また、refreshControl.endRefreshingを呼んでいる
             その後、ErrorメッセージAlertを表示している
             */
            self?.tableView.isUserInteractionEnabled = true
            self?.refreshControl.endRefreshing()

            let alertController = UIAlertController(title:
                error.localizedDescription,
                                                    message: nil,
preferredStyle: .alert)
            let alertAction = UIAlertAction(title: "OK",
                                            style: .cancel,
                                            handler: nil)
            alertController.addAction(alertAction)
            self?.present(alertController, animated: true,
completion: nil)
            break
        }
    }

    /*
     ユーザー一覧を取得している
```

```swift
        */
        viewModel.getUsers()
    }

    @objc func refreshControlValueDidChange(sender: UIRefreshControl)
{
        /*
        リフレッシュした時、ユーザー一覧取得している
        */
        viewModel.getUsers()
    }
}

extension TimeLineViewController: UITableViewDelegate,
UITableViewDataSource {
    func tableView(_ tableView: UITableView,
                   heightForRowAt indexPath: IndexPath) -> CGFloat {
        return 75
    }

    /*
     viewModel.usersCount()をtableViewのCellの数として設定している
     */
    func tableView(_ tableView: UITableView, numberOfRowsInSection
        section: Int) -> Int {
        return viewModel.usersCount()
    }

    func tableView(_ tableView: UITableView, cellForRowAt
        indexPath: IndexPath) -> UITableViewCell {
        if let timelineCell =
tableView.dequeueReusableCell(withIdentifier:
            "TimeLineCell") as? TimeLineCell {

            /*
             そのCellのUserCellViewModelを取得し、timelineCell
             に対して、nickNameと、iconをセットしている
             */
            let cellViewModel =
viewModel.cellViewModels[indexPath.row]
            timelineCell.setNickName(nickName:
cellViewModel.nickName)
```

```
            cellViewModel.downloadImage { (progress) in
                switch progress {
                case .loading(let image):
                    timelineCell.setIcon(icon: image)
                    break
                case .finish(let image):
                    timelineCell.setIcon(icon: image)
                    break
                case .error:
                    break
                }
            }
            return timelineCell
        }

        fatalError()
    }

    func tableView(_ tableView: UITableView,
                   didSelectRowAt indexPath: IndexPath) {
        tableView.deselectRow(at: indexPath, animated: false)

        /*
         そのCellのUserCellViewModelを取得し、そのユーザーのGithubページへ
         画面遷移している
         */
        let cellViewModel = viewModel.cellViewModels[indexPath.row]
        let webURL = cellViewModel.webURL
        let webViewController = SFSafariViewController(url: webURL)
        navigationController?.pushViewController(webViewController,
          animated: true)
    }
}
```

8.6 AppDelegateでTimeLineViewControllerをrootViewControllerに設定

AppDelegateでTimeLineViewControllerを設定しています。

```
import UIKit
```

120 | 第8章　MVVMでGitHubクライアントアプリを作ってみよう

```swift
@UIApplicationMain
class AppDelegate: UIResponder, UIApplicationDelegate {

    var window: UIWindow?

    func application(_ application: UIApplication,
      didFinishLaunchingWithOptions launchOptions:
      [UIApplicationLaunchOptionsKey: Any]?) -> Bool {

        window = UIWindow(frame: UIScreen.main.bounds)
        window?.backgroundColor = .white
        window?.rootViewController =
UINavigationController(rootViewController:
        TimeLineViewController())
        window?.makeKeyAndVisible()
        return true
    }
  }
```

これでBuildをすれば、Githubクライアントアプリが完成です。

第8章　MVVMでGitHubクライアントアプリを作ってみよう　　121

おわりに

　本書を手にとっていただき、ありがとうございます。

　私自身初めての技術書の執筆で、締め切りまでに完成するかとにかく不安でしたが、様々な方の協力を得ながらなんとか完成することができました。

　執筆協力の横田健太氏は私の前職のインターン生で、主に2、3章の執筆と画像作成を手伝ってくれました。編集協力の小松尚平氏は昔住んでいたシェアハウスの住人で、文章を添削してくれました。イラストレーターのCottolink氏は素晴らしいイラストを作ってくれました。この場を借りて感謝申し上げます。

　私は前職などの現場で、インターン生の教育などを担当しており、プログラミングのプの字も知らない人に対してiOSを教えていました。そこでの問題意識は、初心者から中級者への壁が高いこと、そしてそれらを橋渡しする良書が日本には存在しないことです。

　そこで、初心者から中級者へのスムースな橋渡しをしたい、との思いで本書を執筆しました。読者の皆さんのiOS開発力向上に役立つことができたでしょうか。

　初めての執筆経験ですので、言葉足らずな部分やわかりにくい部分があったかもしれません。質問や意見があればぜひfacebookでもtwitterでもメッセージしてください。この本を通して、皆さんのiOS開発力向上に役立つことができれば幸いです。ありがとうございました。

著者紹介

千葉 大志 (ちば ひろし)

株式会社ナナメウエでのモバイルアプリケーションエンジニアを経てフリーランス。iOSアプリケーション開発、WebRTCを用いたビデオ通話モバイルアプリケーション開発、MVC,MVVMなどのアーキテクチャ設計、画像認識などの機械学習を用いたモバイルアプリケーション開発など。その他スタートアップ数社で技術アドバイザーを務める。

◎本書スタッフ
アートディレクター/装丁：岡田章志＋GY
表紙イラスト：Cottolink
編集協力：飯嶋玲子
デジタル編集：栗原 翔

技術の泉シリーズ・刊行によせて

技術者の知見のアウトプットである技術同人誌は、急速に認知度を高めています。インプレスR&Dは国内最大級の即売会「技術書典」（https://techbookfest.org/）で頒布された技術同人誌を底本とした商業書籍を2016年より刊行し、これらを中心とした『技術書典シリーズ』を展開してきました。2019年4月、より幅広い技術同人誌を対象とし、最新の知見を発信するために『技術の泉シリーズ』へリニューアルしました。今後は「技術書典」をはじめとした各種即売会や、勉強会・LT会などで頒布された技術同人誌を底本とした商業書籍を刊行し、技術同人誌の普及と発展に貢献することを目指します。エンジニアの"知の結晶"である技術同人誌の世界に、より多くの方が触れていただくきっかけになれば幸いです。

株式会社インプレスR&D
技術の泉シリーズ　編集長　山城 敬

●お断り

掲載したURLは2018年6月8日現在のものです。サイトの都合で変更されることがあります。また、電子版ではURLにハイパーリンクを設定していますが、端末やビューアー、リンク先のファイルタイプによっては表示されないことがあります。あらかじめご了承ください。

●本書の内容についてのお問い合わせ先

株式会社インプレスR&D　メール窓口
np-info@impress.co.jp
件名に『本書名』問い合わせ係」と明記してお送りください。
電話やFAX、郵便でのご質問にはお答えできません。返信までには、しばらくお時間をいただく場合があります。なお、本書の範囲を超えるご質問にはお答えしかねますので、あらかじめご了承ください。
また、本書の内容についてはNextPublishingオフィシャルWebサイトにて情報を公開しております。
https://nextpublishing.jp/

●落丁・乱丁本はお手数ですが、インプレスカスタマーセンターまでお送りください。送料弊社負担 てお取り替え
させていただきます。但し、古書店で購入されたものについてはお取り替えできません。
■読者の窓口
インプレスカスタマーセンター
〒 101-0051
東京都千代田区神田神保町一丁目 105 番地
TEL 03-6837-5016／FAX 03-6837-5023
info@impress.co.jp
■書店／販売店のご注文窓口
株式会社インプレス受注センター
TEL 048-449-8040／FAX 048-449-8041

技術の泉シリーズ
iOSアプリ開発デザインパターン入門

2018年6月15日　初版発行Ver.1.0（PDF版）
2019年4月12日　　Ver.1.1

著　者　千葉 大志
編集人　山城 敬
発行人　井芹 昌信
発　行　株式会社インプレスR&D
　　　　〒101-0051
　　　　東京都千代田区神田神保町一丁目105番地
　　　　https://nextpublishing.jp/
発　売　株式会社インプレス
　　　　〒101-0051　東京都千代田区神田神保町一丁目105番地

●本書は著作権法上の保護を受けています。本書の一部あるいは全部について株式会社インプレスR
＆Dから文書による許諾を得ずに、いかなる方法においても無断で複写、複製することは禁じられてい
ます。

©2018 Hiroshi Chiba. All rights reserved.
印刷・製本　京葉流通倉庫株式会社
Printed in Japan

ISBN978-4-8443-9832-5

NextPublishing®
●本書はNextPublishingメソッドによって発行されています。
NextPublishingメソッドは株式会社インプレスR&Dが開発した、電子書籍と印刷書籍を同時発行できる
デジタルファースト型の新出版方式です。https://nextpublishing.jp/